大跨度空间网格结构抗连续倒塌性能

田黎敏　魏建鹏　著

科学出版社

北京

内 容 简 介

结构连续倒塌往往引起严重的人员伤亡和经济损失，一直是工程界关注的现实问题。大跨度空间网格结构涉及公共安全，倒塌问题更是不容小觑。本书从实际出发，在静/动力抗连续倒塌理论分析、试验研究和数值模拟基础上，开展大跨度空间网格结构抗连续倒塌性能的系列研究，包括大跨度空间网格结构抗连续倒塌机制及其工作机理、等效冲击荷载及局部破坏下结构的抗连续倒塌性能、大跨度空间网格结构的抗连续倒塌分析及评估方法、工程应用等内容。本书内容丰富了建筑结构抗连续倒塌研究，同时可为大跨度空间网格结构设计提供理论和技术支持。

本书可供高等院校土木工程及相关专业师生参考使用，也可供结构工程领域的科研人员和工程技术人员参考。

图书在版编目(CIP)数据

大跨度空间网格结构抗连续倒塌性能/田黎敏，魏建鹏著. —北京：科学出版社，2022.10

ISBN 978-7-03-073148-7

Ⅰ. ①大… Ⅱ. ①田… ②魏… Ⅲ. ①大跨度结构-空间结构-网格结构-坍塌-防治-结构设计-研究 Ⅳ. ①TU399 ②TU352.1

中国版本图书馆 CIP 数据核字（2022）第 168549 号

责任编辑：祝 洁 / 责任校对：任苗苗
责任印制：张 伟 / 封面设计：陈 敬

科 学 出 版 社 出版
北京东黄城根北街 16 号
邮政编码：100717
http://www.sciencep.com

北京中石油彩色印刷有限责任公司 印刷
科学出版社发行 各地新华书店经销

*

2022 年 10 月第 一 版　开本：720×1000 1/16
2023 年 7 月第二次印刷　印张：11 1/4
字数：226 000

定价：128.00 元
（如有印装质量问题，我社负责调换）

前　言

空间网格结构是应用最广泛的大跨度空间结构。大跨度空间网格结构体量大、覆盖范围广、安全等级高、使用人员密集，在非预期荷载作用时经常发生局部破坏，不平衡力作用下破坏的连续扩展，往往导致部分结构或全部结构倒塌，造成重大的人员伤亡和经济损失。近二十年来，此类结构在非预期荷载作用下的倒塌事故连年发生。虽然事故的直接诱因千差万别（如雨雪超载、设计不足、质量缺陷、施工不当等），但是根本原因是没能阻止初始破坏的连续性扩展。大跨度空间网格结构连续倒塌事故频发说明，此类结构尽管具有较高的超静定次数，但是个别关键杆件失效后仍然极易发生连续倒塌。同时，随着社会经济的发展和审美水平的提高，大跨度空间网格结构的设计朝着更震撼的空间特性方向发展，这与结构的连续性强、延性好、冗余度高在本质上是相悖的。因此，防止大跨度空间网格结构因局部破坏发生连续倒塌是设计研究工作中相当重要的一个环节，具有重要的科学意义和应用价值。

2010 年以来，作者及其课题组一直从事结构工程，特别是大跨度空间网格结构抗倒塌领域的研究工作，本书为相关研究成果的总结。全书共 7 章，内容包括绪论、大跨度空间网格结构的抗连续倒塌机制及其工作机理、等效冲击荷载及局部破坏下结构的抗连续倒塌性能、大跨度空间网格结构抗连续倒塌分析方法、评估方法及工程应用，实现了正确评价大跨度空间网格结构的抗连续倒塌性能，可为此类结构设计提供理论和技术支持。

田黎敏负责本书大纲的制订，田黎敏、魏建鹏共同撰写并统稿。感谢白冲、聂晓宁、李启兵、张程冰、李伟等研究生对本书所做的贡献。田黎敏 2007 年师从郝际平教授开展大跨度空间钢结构方向的研究工作以来，得到了恩师的辛勤栽培与无私帮助，并且对书稿提出了宝贵意见和建议，在此致以诚挚的谢意！田黎敏在美国加州大学洛杉矶分校（UCLA）访学期间，得到了合作导师 Jiann-Wen Woody Ju 教授在损伤断裂研究方面的悉心指导，特此感谢！此外，感谢钟炜辉教授、王先铁教授、郑江副教授、于金光副教授在课题研究及本书撰写过程中给予的支持、鼓励与帮助！

本书的出版得到了国家自然科学基金项目（52178161、51608433、51408623）、陕西省创新人才推进计划青年科技新星项目（2019KJXX-040）、陕西省自然科学基金研究计划项目（2021JM-352）等的资助，特此致谢！

限于作者水平，书中难免存在疏漏和不妥之处，敬请读者批评指正。

目　　录

第1章 绪 论

1.1 大跨度空间网格结构概述

1.1.1 大跨度空间网格结构的应用现状

近年来，随着我国经济的发展和建筑科学技术的进步，大跨度空间结构已成为当代建筑中最重要和最活跃的结构形式之一。

空间结构根据其结构形式通常可以分为以下四种：实体结构（薄壳结构、折板结构等）、网格结构（网架、网壳、立体桁架等）、张拉结构（悬索结构、薄膜结构等）及混合结构（张弦桁架体系、斜拉网壳等）[1]。空间网格结构具有跨度大、质量轻、造型丰富优美的优点，被广泛应用于大众文化交流、体育、娱乐及航空港等重要设施中（如体育馆、展览馆、影剧院等）。国际壳体与空间结构协会的创始人、著名薄壳结构专家 Torroja 曾经说过，最佳结构有赖于其自身受力之形体，而非材料之潜在强度[2]。也就是说，采用高强度材料只是解决了问题的一个方面，还必须寻找形体合理的结构，使其能够充分发挥材料的潜力。大跨度空间网格结构正是此类结构，良好的受力性能使该结构成为近年来最富有活力的结构形式之一。

图 1.1 为国内外典型的大跨度空间网格结构工程。大跨度空间网格结构已经对现代建筑产生了重大影响，并成为反映一个国家建筑科学技术水平的重要标志。

(a) 中国国家体育场   (b) 中国西安奥林匹克体育中心

（c）中国深圳世界大学生运动会体育中心　　　　（d）巴西马瑙斯亚马逊竞技场

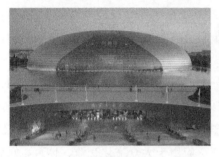

（e）中国国家大剧院　　　　　　　　（f）中国广州国际会展中心

（g）阿尔及利亚阿尔及尔新机场航站楼　　　　（h）阿联酋阿布扎比机场航站楼

（i）中国西安东航维修基地新机库

图 1.1　国内外典型的大跨度空间网格结构工程

1.1.2 大跨度空间网格结构的发展及趋势

大跨度空间网格结构的发展与人类科学技术的进步密切相关，与其他建筑结构一样，其发展也经历了一个漫长的过程。

事实上，人类很早就认识到穹隆能够用最小的表面封闭最大的空间。我国东汉时期的地下砖砌墓穴和公元前 1185 年古希腊 Mycenae 国王墓穴的砖砌穹隆都采用此种形式。然而，受当时材料及认知水平的限制，此类结构的跨度一般较小，如古罗马万神殿 43.5m 的跨度纪录保持到 19 世纪才被打破。近现代以来，空间建筑结构理论研究的不断深入和钢材的投入应用，为大跨度空间网格结构的发展奠定了基础。1863 年，德国人 Schwedle 在柏林设计并建造了世界上第一个钢穹顶体系——施威德勒穹顶，该结构体系可以看作是现代空间结构中单层球面网壳的雏形，目前采用的许多网壳结构是在此基础上加以变化构成的。

1964 年，上海市建成了第一个平板网架结构——上海师范学院球类馆（屋盖平面尺寸为 31.5m×40.5m），拉开了我国大跨度空间网格结构发展的序幕。1968 年建成的首都体育馆首次采用斜放正交网架结构体系，平面尺寸为 99m×112m。1973 年兴建的上海体育馆采用圆形平面的三向网架结构体系，其焊接空心球网架净尺寸达到了 110m。1985 年建成了深圳体育馆，其 90m×90m 的钢屋盖也仅用了四根柱子进行支撑，由此，大跨度空间网格结构的优势开始显现出来。20 世纪 80 年代末，为了迎接第 11 届亚运会的召开，北京市兴建了一大批体育建筑，绝大部分建筑屋盖采用了网架结构，对我国空间结构的发展进行了一次检阅。其中，北京体育大学体育馆和北京朝阳体育馆首次采用了网壳结构，成功带动了网壳结构的发展热潮。此后一段时间内，很多重要的标志性大跨度建筑物几乎都采用了网壳结构，设计与安装技术获得了极大的进步，比较有代表性的是 1994 年建造的天津体育馆、攀枝花体育馆及 1996 年建造的黑龙江速滑馆等。

21 世纪以来，随着焊接技术的日益成熟，高强钢材的出现及计算机仿真技术的突飞猛进，大跨度空间网格结构稳健发展，新的结构形式层出不穷。2008 年北京奥运会、2010 年广州亚运会、2011 年深圳世界大学生运动会，以及 2021 年西安全运会、残运会暨特奥会，为此建设的一系列体育场馆有着丰富的空间结构形式，为我国大跨度空间网格结构发展提供了新的契机。此外，广州白云机场、国家大剧院及广州会展中心的建成开启了大跨度空间网格结构体系在民生领域的应用。

到目前为止，大跨度空间钢结构的发展经历了由传统的梁肋体系、桁架结构体系、薄壳空间结构体系到现代的网架结构、网壳结构、悬索结构、索膜结构、杂交结构及张拉集成结构体系的过程。可以预见，大跨度空间网格结构体系会继续朝着更大、更复杂、更新颖的方向发展下去，其发展趋势如下[3,4]。

1）跨度由大型向巨型发展

顾名思义，跨越超大空间是大跨度空间网格结构的显著特点。科幻小说中经常会看到这样一种设想，人们可以在月球上自由舒适地生活，由于没有氧气，设想中往往存在一个很大的封闭空间结构，假设采用结构体系完成，在现阶段的建筑技术条件下是无法实现的。因此，一旦空间网格结构的跨度超越了传统建筑，步入巨型结构行列，则跨度和面积都会有新的突破，这种新的体系可以为人们提供清洁舒适的生活与工作环境。

2）由静态结构向动态结构发展

人类对建筑结构的使用要求是没有止境的，投资者也往往希望使用功能能够达到最大化。也就是说，所建成的建筑既是体育场，又可以是展览馆、音乐厅等，这就要求可以根据不同的需要对结构进行相应的调整，从一个静态结构向动态结构转变。例如，当天气晴好时要求屋盖可以打开，当遇到阴冷天气时可以将屋盖关闭，也可以通过调节地面标高满足多功能的要求。

3）施工技术向精细化发展

大跨度空间网格结构的快速发展，必然给传统施工技术和方法带来巨大挑战。一般情况下，会有多种施工方案供选择，结合结构自身特点确定最优的施工方案非常关键。另外，钢结构构件的加工和安装精度也不能忽视，因此精细化的施工技术将是今后大跨度空间网格结构发展和创新的重要基础和保障。

4）由传统材料向新型材料发展

随着社会进步，材料成为促进大跨度空间网格结构发展的重要因素。钢材力学性能的优化、新型材料的出现均可以使结构更加经济高效，从而使大跨度空间网格结构能够广泛应用。

5）施工过程由离散化向系统化发展

现阶段大跨度空间网格结构的施工过程往往是针对特定工程制定具体施工方案，没有形成系统化施工，这样做造成的后果是辅助钢材浪费较大，且方案确定时间较长。相信在未来大跨度空间网格结构的建造过程中，这一障碍将会有所突破，形成系统化的施工过程。

6）结构设计向概念化发展

随着对大跨度空间网格结构的深入研究，发现结构的找形分析与局部杆件强度稳定分析同样重要。找形分析是从结构概念设计入手，可以有效提高结构的整体性，增加抗倒塌能力。因此，在未来大跨度空间网格结构设计中，像结构找形分析这样的概念设计将会是结构设计中的重要组成部分。

7）建造向国际化程度发展

现阶段一些比较重要的大跨度空间网格结构，从建筑方案设计到施工图设计，再到实际施工，均采用国际竞标的方式进行，而且往往在某几个环节中需要多家单位之间共同合作完成。随着大跨度空间网格结构向着复杂化发展，这种国际化程度将会越来越高。

可见，大跨度空间网格结构在当今建筑界里扮演着举足轻重的角色，并且随着施工技术的进步、理论分析的完善、高强钢材的兴起，大跨度空间网格结构将会展现出蓬勃的生机。

1.2　抗连续倒塌的研究意义

近年来，国家对大型公共建筑的安全管理力度逐渐加大。住房和城乡建设部先后于 2013 年及 2018 年印发了《中国建筑技术政策（2013 版）》《大型工程技术风险控制要点》等文件，明确提出要加强大跨度空间钢结构防灾设计的研究工作，要求设计时除满足规范外，还需要考虑非预期荷载的影响，并保证结构具有足够的安全储备。因此，大跨度空间钢结构的安全问题越来越受到重视，这是国家建设和社会发展的需要，也是保障人民群众生命财产安全的有效途径。

大跨度空间网格结构体量大、覆盖范围广、使用人员密集，在非预期荷载作用时经常发生局部破坏，随着不平衡力下破坏的连续扩展，往往导致部分结构或全部结构倒塌，造成重大人员伤亡和经济损失。近二十年来，此类结构在非预期荷载作用下的倒塌事故连年发生，如 2003 年土耳其东部某空间桁架屋面、2004 年法国戴高乐国际机场 2E 航站楼[图 1.2（a）]、2005 年中国内蒙古新丰热电厂屋盖球型网架、2006 年波兰卡托维茨国际博览会展厅[图 1.2（b）]和俄罗斯莫斯科鲍曼市场[图 1.2（c）]、2007 年中国沈阳市第二中学体育馆、2008 年中国特大冰雪灾害下苏南地区众多桁架和网架、2009 年马来西亚再纳阿比丁体育场[图 1.2（d）]、2010 年美国明尼苏达州维京人队体育场、中国鄂尔多斯那达慕大会主会场[图 1.2（e）]、2011 年荷兰特温特体育场[图 1.2（f）]、2012 年中国温州任岩松中学体育馆、2013 年中国长春市第二实验中学体育馆、2014 年巴西伊塔奎拉奥体育场[图 1.2（g）]、2015 年中国江西科技师范大学体育馆、2016 年中国香港城市大学体育馆、2017 年捷克共和国体育场、2018 年中国钦州市第三十九小学体育馆和人民（武汉）国际汽车城大跨度展厅、2019 年中国深圳市体育中心体育馆[图 1.2（h）]、2020 年俄罗斯圣彼得堡体育馆[图 1.2（i）]、2021 年中国青岛西海岸新区中英生物药物研发平台建设项目分别发生不同程度的倒塌，造成了巨大的生命财产损失。虽然事故的直接诱因千差万别（如雨雪超载、设计不足、质量缺陷、施工不当等），但是根本原因是没能阻止初始破坏的连续性扩展[4]。

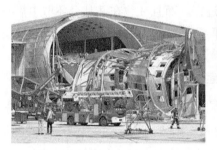

（a）法国戴高乐机场 2E 航站楼　　　　　（b）波兰卡托维茨国际博览会展厅

（c）俄罗斯莫斯科鲍曼市场　　　　　　（d）马来西亚再纳阿比丁体育场

（e）中国鄂尔多斯那达慕大会主会场　　　（f）荷兰特温特体育场

（g）巴西伊塔奎拉奥体育场　　　　　　（h）中国深圳市体育中心体育馆

（i）俄罗斯圣彼得堡体育馆

图 1.2　大跨度空间钢结构倒塌案例

频发的大跨度空间网格结构连续倒塌事故说明，虽然此类结构具有较高的超静定次数，但是个别关键杆件失效后仍然极易发生连续倒塌。与此同时，随着社会经济的发展和人们审美水平的提高，大跨度空间网格结构的设计趋势朝着更震撼的空间特性方向发展，这与结构较强的连续性、较好的延性、较高的冗余度在本质上是相悖的。因此，对大跨度空间网格结构抗连续倒塌问题展开研究具有重要的科学意义和应用价值。

1.3　国内外研究现状

国外对连续倒塌研究开展较早，始于 1968 年英国 Ronan Point 公寓燃气爆炸事故，伴随着标志性倒塌事故经历了三个高峰。在此过程中，美国[5,6]、欧洲[7,8]、日本[9]等国家和地区均编制了抗连续倒塌的相关设计标准（规范、条文或指南）。我国的相关研究起步较晚，"9·11" 事件后该问题才引起我国学者的广泛关注。在研究国外规范及自主创新的基础上，制定实施了《建筑结构抗倒塌设计标准》（T/CECS 392—2021）[10]，为我国建筑结构抗连续倒塌设计提供参考和建议。但是，现行的抗连续倒塌设计标准（规范、条文或指南）中针对大跨度空间钢结构的内容较少，近年来学者们才逐渐开始进行此类结构抗连续倒塌的研究工作，成果主要涵盖以下几个方面。

1.3.1　抗连续倒塌机制与失效机理

大跨度空间钢结构与框架、板柱或承重墙结构的传力方式截然不同，所以其抗连续倒塌机制也大不一样。学者们从倒塌起因、传力过程、影响因素、结构控制等各个方面进行了探讨，为空间结构抗连续倒塌分析和设计提供了理论依据。

桁架结构方面，Biegus 等[11]、Piroglu 等[12]、Rad 等[13]分别讨论了波兰卡托维兹国际博览会展厅、土耳其安纳托利亚市玻璃器皿厂钢桁架及美国波特兰仓库钢屋盖结构的倒塌原因，分析了大雪引起局部破坏后结构的失效机理，并提出了对应的解决方案。芮佳等[14]根据事件控制和概念设计对甘肃省体育馆钢桁架结构进行了防连续倒塌设计，揭示了该结构的传力过程。Valerio[15]分析了连续性破坏下典型桁架的力学性能，给出影响结构连续倒塌性能的主要因素及变化趋势。Jiang等[16]、Yan 等[17]对不同位置损伤下平面桁架结构的抗倒塌机理进行了详细论述，认为该体系的连续倒塌抗力主要由拱、悬链线及长压杆机制提供。

对于网架结构，李忠献等[18]分析了天津港"8·12"特别重大火灾爆炸事故中东海路站网架结构的致灾原因和破坏机理。王孟鸿等[19]、熊进刚等[20]以工程事故为例，分别阐明了山体滑坡、雪载超载工况下实际网架结构的失效模式。丁北斗等[21]通过对正放四角锥缩尺网架的连续倒塌试验，揭示了重要构件失效后网架结构的传力过程。Sheidaii 等[22]分析了随机缺陷对不同支承情况下双层网架抗连续倒塌能力的影响，给出缺陷的敏感性指标。韩庆华等[23]进行了网架结构的敏感性分析，定义出此类结构的连续倒塌模式为对称的和非对称的连续倒塌破坏。

网壳结构方面，Wang 等[24]、叶继红等[25]、姜正荣等[26]揭示了冲击荷载下单层球面网壳结构的倒塌模式和失效机理。陈映等[27]研究了大跨度预应力双层组合扭网壳结构的连续倒塌机理，分析了套筒对倒塌的控制作用。Zhao 等[28]将此类结构的内力重分布模式划分为局部与全局两种方式。此外，Tian 等[29]建立了大跨度空间网格结构及构件的能量平衡方程，推导出结构抗力与构件抗力的关系式，构建了单层网壳结构的抗连续倒塌机制，即强度机制与稳定机制，并提出相应机制下抗力需求的理论计算方法。

1.3.2　抗连续倒塌分析方法

大跨度空间钢结构的抗连续倒塌分析方法主要包括意外荷载分析法和局部破坏分析法（又称拆除构件法、备用荷载路径法、等效荷载卸载法），前者主要针对火灾、爆炸[18]、冲击[24,30]等工况下的倒塌；后者主要针对局部质量缺陷[31]、荷载超重[20,32]、支座沉降[33]等工况下的倒塌。

局部破坏分析法忽略事故的起因，更加关注局部破坏的扩展，通过分析重要构件失效后剩余结构能否形成新的、稳定的荷载传递路径，从而判断结构是否会发生连续倒塌，是目前大跨度空间钢结构抗连续倒塌分析和设计的主流方法。该方法有两部分内容：确定初始失效构件和倒塌过程模拟。对于大跨度空间结构，失效构件的确定可基于敏感性[34]、冗余度[35]、频率[36]、应变能[37]、易损性[38]、刚度[39]及多重响应[38-40]等进行判断。由于计算机技术的发展，倒塌模拟已很少采用线性静力方法，根据空间结构的类型和复杂程度，常选用非线性静力[41,42]或非线性动力[43,44]的方法进行模拟。例如，张月强等[44]、Yan 等[45]、Fu 等[46]、韩庆华等[47]、Liu 等[48]、舒兴平等[49]、蔡建国等[50]对不同形式的大跨度空间结构进行了抗连续倒塌分析，此处不再赘述。

近些年，在抗连续倒塌分析方法研究中，学者们陆续提出了一些新主张，比较有代表性的是喻莹等[51]提出的一种适用于有限质点的阻尼构造方法，通过对单层网壳倒塌过程进行模拟，验证了该方法的有效性。Xu 等[52]从算法、荷载和计算效率三方面对杆件离散元法进行了改进，用以准确模拟大跨度空间钢结构的连续倒塌过程。此外，田黎敏等对备用荷载路径法进行了修正，提出适用于大跨度空间网格结构的"考虑施工效应的备用荷载路径法"，使分析结果更加真实可靠[40,42]；同时，提出连续倒塌动力效应简化模拟方法，并给出了单层网壳荷载动力放大系数的取值范围。

1.3.3 连续倒塌试验

因受场地大小和测量条件限制，与框架、板柱或承重墙结构相比，大跨度空间钢结构体系的连续倒塌试验相对较少，主要集中在桁架、网架、单层网壳和悬索结构方面，重点考察某些重要构件破断后剩余结构的动力响应，为明晰此类结构的抗连续倒塌性能提供了试验数据。

对于桁架结构，舒赣平等[53]、Zhao 等[54]、武啸龙[55]分别对单榀空间管桁架、平面桁架、张弦桁架进行了连续倒塌动力试验，分析剩余结构中杆件应变和节点位移等响应的变化。网架结构方面，熊进刚等[56]、Hamid[57]、丁北斗等[21]通过对缩尺正放四角锥网架进行连续倒塌试验，重现了重要构件失效后该结构体系的动力倒塌过程。对于网壳结构，Zhao 等[28]、Xu 等[58]分别进行了缩尺单层空间网壳的连续倒塌试验，前者从两组均匀荷载入手，后者重点关注网壳形式的影响，阐述了不同参数下剩余结构的内力传递规律。需要特别说明的是，Tian 等[30,32]完成了 8 个空间球面网壳缩尺模型连续倒塌动力试验（图 1.3），试验涉及网格形式、矢跨比、不均匀荷载、局部刚度变化、杆件失效顺序及材料损伤等多个方面。结果表明，大跨度空间网格结构的抗连续倒塌性能不仅与空间拓扑、节点形式密切相关，还受到荷载情况、失效工况及不确定性的显著影响。悬索结构方面，Liu 等[48]、Lee 等[59]、Huang 等[60]以实际工程为背景，分别对环形交叉索结构、双向弦梁结构、轮辐式索膜结构进行了连续倒塌试验，证实空间效应是此类结构抗倒塌的重要冗余。

此外，大跨度空间钢结构节点的抗倒塌问题也值得关注。例如，Ma 等[61]、Xu 等[62]、Zheng 等[63]分别提出齿轮节点、装配式毂节点及钢砼组合节点，通过试验探讨上述节点在大跨度空间结构中承载力或延性的力学表现，最终提出量化的设计指标和参考建议。

图 1.3　空间球面网壳缩尺模型连续倒塌动力试验[30,32]

1.3.4　抗连续倒塌设计思路

目前,抗连续倒塌设计已成为大跨度空间钢结构工程设计中必不可少的工作。除采用局部破坏分析法对特定结构进行连续倒塌分析外,研究人员和工程技术人员还从抗连续倒塌总体设计思路出发,依托实际工程,在基本要求、合理布局、设置构造措施和研发新体系等方面进行了探讨,以降低意外事件下空间结构完全垮塌的概率。

蔡建国等[64]、李时等[65]分别从倒塌概率和力学概念出发,提出不同形式的大跨度空间结构抗连续倒塌设计基本要求，并通过工程实例对所提概念设计进行了验证。冯远等[66]、张同亿等[67]分别以中国郑州奥体中心体育场、柬埔寨国家体育场等实际工程为背景，通过优化结构选型满足空间结构的抗连续倒塌性能。曾滨等[68]提出张弦桁架结构的四种增设备用索方案，方案在支座水平刚度较小的结构中取得了较好的抗连续倒塌效果。Rashidyan 等[69]给出一种保证双层空间桁架结构抗连续倒塌性能的有效措施：增强压杆并弱化拉杆。Tian 等[70]针对东方航空公司西安新机库的结构特点，提出单、隔点组合的设计改进措施，有效预防了大跨度三层网架结构在施工中的连续倒塌，并提高了整体结构的鲁棒性。此外，为解决内环索拉力大不利于抗连续倒塌的问题，薛素铎等[71]研发出一种单层马鞍形无内环交叉索网新体系，结果表明该新型索网结构的鲁棒性好，抗连续倒塌能力强。

1.4　本书主要内容

目前，关于建筑结构连续倒塌问题的研究主要分布在框架、板柱或承重墙结构体系，针对大跨度空间钢结构的倒塌研究相对较少，而近年来关于此类结构的倒塌事故却屡见不鲜。因此，迫切需要对大跨度空间钢结构抗连续倒塌问题展开研究。

本书以大跨度空间网格结构为对象，深入研究了此类结构的抗连续倒塌机制及其工作机理，分析了局部破坏及等效冲击荷载下结构的抗连续倒塌性能，在此基础上提出结构的抗连续倒塌分析及评估方法，并将上述方法进行了工程应用，主要内容如下。

（1）建立两类代表性的大跨度空间网格子结构模型：稳定失效子结构和强度失效子结构。通过 8 个子结构的静力推覆试验，提出两种失效模式下的三种抗连续倒塌机制：压杆机制、梁机制和悬链线机制。继而通过单根杆件在不同边界条件下的受力分析，给出局部失效工况下大跨度空间网格结构抗连续倒塌机制的工作机理。

（2）开展等效冲击荷载下空间网格子结构的动力试验，为大跨度空间网格结构抗连续倒塌动力分析提供基础试验数据。另外，考虑网格形式、局部刚度变化、矢跨比、不均匀荷载及杆件失效顺序等多个因素，对空间球面网壳缩尺模型进行连续倒塌动力试验。

（3）第一，基于稳定与强度失效模式，提出适用于大跨度空间网格结构的基于初选范围的多重响应分析法，以确定此类结构的重要构件。第二，对备用荷载路径法进行修正，提出考虑施工效应的备用荷载路径法模拟连续倒塌。第三，推导出考虑初始状态下子结构在弹性、弹塑性阶段的动力放大原理。第四，提出适用于大跨度空间网格结构的连续倒塌动力效应简化模拟方法，通过算例验证后给出单层网壳结构荷载动力放大系数的建议取值范围。第五，为节约计算资源并反映局部应力分布，采用多尺度有限元模型进行连续倒塌分析，给出一种抗连续倒塌分析的新思路。第六，研究损伤参数的影响，提出相应的分析建议。

（4）借鉴增量动力分析法的思想，提出适用于大跨度空间网格结构的抗连续倒塌评估方法——基于增量动力分析的抗连续倒塌评估法，继而分别研究各重要影响因素（初始几何缺陷、材料应变率、材料损伤）对评估结果的影响，最后将该方法应用于 3 个典型单层网壳结构中。

（5）依次将基于初选范围的多重响应分析法、考虑施工效应的备用荷载路径法、基于增量动力分析的抗连续倒塌评估法应用于深圳世界大学生运动会体育中心主体育场钢屋盖结构中，对该结构的抗连续倒塌性能进行评价。

参 考 文 献

[1] 张毅刚, 薛素铎, 杨庆山, 等. 大跨空间结构[M]. 北京: 机械工业出版社, 2013.

[2] 董石麟. 空间结构的发展历史、创新、形式分类与实践应用[J]. 空间结构, 2009, 15(3): 22-43.

[3] 董石麟. 中国空间结构的发展与展望[J]. 建筑结构学报, 2010, 31(6): 38-51.

[4] 赵宪忠, 闫伸, 陈以一. 大跨度空间结构连续性倒塌研究方法与现状[J]. 建筑结构学报, 2013, 34(4): 1-14.

[5] General Services Administration. Alternate path analysis & design Guidelines for progressive collapse resistance[S]. Washington D. C. : General Services Administration, 2013.

[6] Department of Defense. Design of buildings to resist progressive collapse: UFC 4-023-03[S]. Washington D. C. : Department of Defense, 2013.

[7] European Committee for Standardization. Actions on structures Part 1-7: General actions-accidental actions: EN 1991-1-7[S]. Brussels: European Committee for Standardization, 2015.

[8] CORMIE D. Manual for the systematic risk assessment of high-risk structures against disproportionate collapse[R]. London: The Institute of Structural Engineers, 2013.

[9] Japanese Society of Steel Construction Council on Tall Buildings and Urban Habitat. Guidelines for collapse control design[S]. Tokyo: Japan Iron and Steel Federation, 2005.

[10] 中国工程建设标准化协会. 建筑结构抗倒塌设计标准: T/ CECS 392—2021[S]. 北京: 中国计划出版社, 2022.

[11] BIEGUS A, RYKALUK K. Collapse of Katowice fair building[J]. Engineering Failure Analysis, 2009, 16(5): 1643-1654.

[12] PIROGLU F, OZAKGUL K. Partial collapses experienced for a steel space truss roof structure induced by ice ponds[J]. Engineering Failure Analysis, 2016, 60(2): 155-165.

[13] RAD F N, AFGHAN H R, LEWIS J C. Forensic investigation of a warehouse roof collapse due to snow load[C]. Eighth Congress on Forensic Engineering, Austin, Texas, 2018: 270-279.

[14] 芮佳, 张举涛. 甘肃省体育馆钢桁架防连续倒塌分析与机理研究[J]. 建筑结构, 2018, 48(11): 57-63.

[15] VALERIO D B. Structural behavior of a metallic truss under progressive damage[J]. International Journal of Solids and Structures, 2016, 82(2): 56-64.

[16] JIANG X F, CHEN Y Y. Progressive collapse analysis and safety assessment method for steel truss roof[J]. Journal of Performance of Constructed Facilities, 2012, 26: 230-240.

[17] YAN S, ZHAO X Z, CHEN Y Y, et al. A new type of truss joint for prevention of progressive collapse[J]. Engineering Structures, 2018, 167(9): 203-213.

[18] 李忠献, 李鹿宁, 师燕超, 等. 天津港 "8·12" 特别重大火灾爆炸事故轻轨东海路站网架结构破坏分析[J]. 建筑结构学报, 2019, 40(10): 1-7.

[19] 王孟鸿, 赵要祥, 郑晓彬. 网架结构在山体滑坡冲击下的垮塌模拟分析[J]. 应用力学学报, 2019, 36(5): 1069-1075.

[20] 熊进刚, 骆乐. 网架结构在雪荷载超载时的连续倒塌性能[J]. 南昌大学学报(工科版), 2013, 35(3): 263-266.

[21] 丁北斗, 吕恒林, 李贤, 等. 基于重要杆件失效网架结构连续倒塌动力试验研究[J]. 振动与冲击, 2015, 34(23): 106-114.

[22] SHEIDAII M R, GORDINI M. Effect of random distribution of member length imperfection on collapse behavior and reliability of flat double-layer grid space structures[J]. Advances in Structural Engineering, 2016, 18(9): 1475-1485.

[23] 韩庆华, 邓丹丹, 徐颖, 等. 网架结构连续倒塌破坏模式及倒塌极限位移研究[J]. 空间结构, 2018, 24(1): 9-15.

[24] WANG D Z, ZHI X D, FAN F, et al. The energy-based failure mechanism of reticulated domes subjected to impact[J]. Thin-Walled Structures, 2017, 119: 356-370.

[25] 叶继红, 齐念. 基于离散元法与有限元法耦合模型的网壳结构倒塌过程分析[J]. 建筑结构学报, 2017, 38(1): 52-61.

[26] 姜正荣, 钟渝楷, 石开荣, 等. 考虑重力影响的单层网壳冲击相似律及数值验证[J]. 华南理工大学学报(自然科学版), 2016, 44(10): 43-48.

[27] 陈映, 张晓辉, 申波, 等. 大跨度预应力双层组合扭网壳连续倒塌机理及其控制研究[J]. 应用力学学报, 2019, 36(2): 316-325.

[28] ZHAO X Z, YAN S, CHEN Y Y. Comparison of progressive collapse resistance of single-layer latticed domes under different loadings[J]. Journal of Constructional Steel Research, 2017, 129: 204-214.

[29] TIAN L M, WEI J P, HAO J P. Anti-progressive collapse mechanism of long-span single-layer spatial grid structures[J]. Journal of Constructional Steel Research, 2018, 144: 270-282.

[30] TIAN L M, WEI J P, HUANG Q X, et al. Collapse-resistant performance of long-span single-layer spatial grid structures subjected to equivalent sudden joint loads[J]. Journal of Structural Engineering, 2021, 147(1): 04020309.

[31] KAMARI Y E, RAPHAEL W, CHATEAUNEUF A. Reliability study and simulation of the progressive collapse of Roissy Charles de Gaulle Airport[J]. Case Studies in Engineering Failure Analysis, 2015, 3(4): 88-95.

[32] TIAN L M, HE J X, ZHANG C B, et al. Progressive collapse resistance of single-layer latticed domes subjected to non-uniform snow loads[J]. Journal of Constructional Steel Research, 2021, 176: 106433.

[33] VATANSEVER C. Investigation of buckled truss bars of a space truss roof system[J]. Engineering Failure Analysis, 2019, 106: 104156.

[34] 蔡建国, 王蜂岚, 韩运龙, 等. 大跨空间结构重要构件评估实用方法[J]. 湖南大学学报(自然科学版), 2011, 38(3): 7-11.

[35] 蒋淑慧, 袁行飞, 马烁. 考虑冗余度的杆系结构构件重要性评价方法[J]. 哈尔滨工业大学学报, 2018, 50(12): 187-192.

[36] 万成, 朱奕锋, 汪敏吉. 灵敏度分析在空间钢结构抗连续倒塌控制中的应用[J]. 钢结构(中英文), 2019, 34(8): 32-36.

[37] 李雄彦, 刘人杰, 邹瑶, 等. 基于改进应变能法的无环索弦支穹顶拉索重要性评价[J]. 钢结构(中英文), 2020, 35(7): 43-53.

[38] 朱南海, 李杰明, 贺小玲, 等. 基于易损性与冗余度分析的构件重要性评价方法[J]. 计算力学学报, 2020, 37(5): 608-615.

[39] YAN S, ZHAO X Z, RASMUSSEN K J R, et al. Identification of critical members for progressive collapse analysis of single-layer latticed domes[J]. Engineering Structures, 2019, 188: 110-120.

[40] TIAN L M, WEI J P, HAO J P, et al. Dynamic analysis method for the progressive collapse of long-span spatial grid structures[J]. Steel and Composite Structures, 2017, 23(4): 435-444.

[41] 石城林. 基于关键构件失效的大开洞钢屋盖稳定性分析[J]. 武汉理工大学学报(交通科学与工程版), 2020, 35(4): 49-56.

[42] 田黎敏, 魏建鹏, 郝际平. 大跨度单层空间网格结构连续性倒塌动力效应分析及简化模拟方法研究[J]. 工程力学, 2018, 35(3): 115-124.

[43] 赵啸峰, 申波, 马克俭, 等. 平面桁架结构连续倒塌动力分析方法研究[J]. 建筑钢结构进展, 2019, 21(1): 15-22.

[44] 张月强, 丁洁民, 张峥. 大跨度钢结构抗连续性倒塌动力分析关键问题研究[J]. 建筑结构学报, 2014, 35(4): 49-56.

[45] YAN S, ZHAO X Z. The progressive collapse of single-layer dome roof structures[C]. Seventh Congress on Forensic Engineering, Miami, Florida, 2015: 803-813.

[46] FU F, PARKE G A R. Assessment of the progressive collapse resistance of double‐layer grid space structures using implicit and explicit methods[J]. International Journal of Steel Structures, 2018, 18(3): 831-842.

[47] 韩庆华, 傅本钊, 徐颖. 立体桁架结构敏感性分析及抗连续倒塌性能[J]. 中南大学学报(自然科学版), 2017, 48(12): 3293-3300.

[48] LIU R J, LI X Y, XUE S D, et al. Numerical and experimental research on annular crossed cable-truss structure under cable rupture[J]. Earthquake Engineering and Engineering Vibration, 2017, 16(3): 557-569.

[49] 舒兴平, 卢宇洁, 卢倍嵘, 等. 中车科技文化展示中心连续倒塌分析[J]. 工业建筑, 2017, 47(10): 146-152.

[50] 蔡建国, 朱奕锋, 冯健, 等. 撑杆失效对张弦结构抗连续倒塌性能的影响[J]. 建筑结构学报, 2015, 36(6): 78-85, 100.

[51] 喻莹, 刘飞鸿, 王钦华, 等. 有限质点法阻尼构造问题的研究[J]. 工程力学, 2019, 36(11): 34-40.

[52] XU L L, YE J H. DEM algorithm for progressive collapse simulation of single-layer reticulated domes under multi-support excitation[J]. Journal of Earthquake Engineering, 2019, 23(1): 18-45.

[53] 舒赣平, 余冠群. 空间管桁架结构连续倒塌试验研究[J]. 建筑钢结构进展, 2015, 17(5): 32-38.

[54] ZHAO X Z, YAN S, CHEN Y Y, et al. Experimental study on progressive collapse-resistant behavior of planar trusses[J]. Engineering Structures, 2017, 135: 104-116.

[55] 武啸龙. 大跨度张弦桁架结构连续倒塌数值模拟及试验研究[D]. 南京: 东南大学, 2016.

[56] 熊进刚, 钟丽媛, 张毅, 等. 网架结构连续倒塌性能的试验研究[J]. 南昌大学学报(工科版), 2012, 34(4): 369-372.

[57] HAMID Y S. Progressive collapse of double layer space trusses[D]. Guildford: University of Surrey, 2015.

[58] XU Y, HAN Q H, PARKE G A R, et al. Experimental study and numerical simulation of the progressive collapse resistance of single-layer latticed domes[J]. Journal of Structural Engineering, 2017, 143(9): 04017121.

[59] LEE S, SEO M, BAEK K Y, et al. Experimental study of two-way beam string structures[J]. Engineering Structures. 2019, 191: 563-574.

[60] HUANG H, XIAN Y Q, XI K L, et al. Experimental study and numerical analysis on the progressive collapse resistance of SCMS[J]. International Journal of Steel Structures, 2019, 19(1): 301-318.

[61] MA H H, MA Y Y, YU Z W, et al. Experimental and numerical research on gear-bolt joint for free-form grid spatial structures[J]. Engineering Structures, 2017, 148: 522-540.

[62] XU Y, ZHAO X N, HAN Q H. Research on the progressive collapse resistance of single-layer cylindrical latticed shells with AH joints[J]. Thin-Walled Structures, 2021, 158(9): 107178.

[63] ZHENG L, QIN C, GUO H, et al. Experimental and finite element study on the single-layer reticulated composite joints[J]. Advances in Structural Engineering, 2020, 23(10): 2174-2187.

[64] 蔡建国, 王蜂岚, 冯建. 大跨空间结构抗连续性倒塌概念设计[J]. 建筑结构学报, 2010, 4(S1): 283-287.

[65] 李时, 汪大绥. 大跨度钢结构的抗连续性倒塌设计[J]. 四川大学学报(工程科学版), 2011, 43(6): 20-28.

[66] 冯远, 向新岸, 王立维, 等. 郑州奥体中心体育场钢结构设计研究[J]. 建筑结构学报, 2020, 41(5): 11-22.

[67] 张同亿, 祖义祯, 张速, 等. 柬埔寨国家体育场结构选型及优化[J]. 建筑结构, 2020, 50(1): 1-7.

[68] 曾滨, 陆金钰, 董霄, 等. 增设备用索对张弦桁架抗连续倒塌性能影响研究[J]. 空间结构, 2017, 23(4): 49-54.

[69] RASHIDYAN S, SHEIDAII M R. Improving double-layer space trusses collapse behavior by strengthening compression layer and weakening tension layer member[J]. Advances in Structural Engineering, 2017, 20(11): 1757-1767.

[70] TIAN L M, HAO J P, WEI J P, et al. Integral lifting simulation of long-span spatial steel structures during construction[J]. Automation in Construction, 2016, 70: 156-166.

[71] 薛素铎, 田学帅, 刘越, 等. 单层马鞍形无内环交叉索网结构受力性能研究[J]. 建筑结构学报, 2021, 42(1): 30-38.

第2章 结构的抗连续倒塌机制及其工作机理

对框架结构来说，抗连续倒塌机制的研究已基本达成共识，即认为初始失效构件产生的不平衡力将通过三种机制在结构内重新分配，三种机制即压杆机制、梁机制和悬链线机制[1-4]。大跨度空间网格结构在传力上与框架结构有所不同，抗连续倒塌机制也大不相同。事实上，只有明确了大跨度空间网格结构的抗连续倒塌机制（即剩余结构以何种方式抵抗不平衡荷载），才能给出正确的抗连续倒塌分析方法，进而采取适当的防护措施，提高其抗连续倒塌能力。

本章提出大跨度空间网格结构的两种失效模式，在此基础上建立两类代表性的大跨度空间网格子结构模型，即稳定失效子结构和强度失效子结构。通过 8 个子结构的静力推覆试验，提出两种失效模式下的三种抗连续倒塌机制，即压杆机制、梁机制、悬链线机制。继而通过单根杆件在不同边界条件下的受力分析，给出局部失效工况下大跨度空间网格结构抗连续倒塌机制的工作机理。

2.1 连续倒塌失效模式

不同的空间网格结构，在局部构件失效后其剩余结构的表现各不相同，但基本可以分为两种失效模式，即构件失效与结构失效。前者包括强度失效或稳定失效（拉杆常常因屈服而退出工作，压杆或压弯构件则为弹性或弹塑性失稳），后者包括结构的局部破坏或整体倒塌。本章重点从构件角度分析，揭示局部构件失效后剩余结构的失效过程。

当空间网格结构的重要构件发生失效后，与之相连的某根杆件可能会屈服，塑性发展也不断加深，刚度不断弱化，进而发生强度破坏并引起结构倒塌。结构在倒塌前塑性发展已相当严重，屈服杆件比例较高，甚至其中有较多杆件产生断裂，结构的最终破坏形式也往往是整体倒塌。与此对应，也可能会发生压杆逐渐失稳破坏的情况。此时，结构在倒塌前的塑性发展很浅，结构倒塌主要受几何非线性的影响，体现出明显的失稳特征，结构的最终破坏形式既可以是局部破坏，也可以是整体倒塌。假设结构的失效模式由一系列失效事件组成，每一个失效事件都有一个失效需求。将第 i 根杆件的强度失效定义为 f_i，第 j 根杆件的稳定失效定义为 g_j，相应的失效需求分别定义为 $D(f_i)$、$D(g_j)$，则结构的失效需求 $D(S)$ 可以分别表达为

$$D(S) = \sum_{i=1}^{m_1} D(f_i) \tag{2.1}$$

$$D(S) = \sum_{j=1}^{m_2} D(g_j) \tag{2.2}$$

式中，m_1、m_2 分别为剩余结构中强度失效和稳定失效的杆件数目。

值得注意的是，上述强度失效、稳定失效两种失效模式有时并没有明显界线，反而交织在一起。原因是空间网格结构往往在节点处承受较大集中荷载，最大应力可能出现在杆件端部，在拉杆发生强度破坏的同时，压杆会因内力增加或长细比变大（杆端截面形成塑性区）达到失稳临界条件而发生失稳。此时，结构的失效需求可以表达为

$$D(S) = \sum_{i=1}^{m_1} D(f_i) + \sum_{j=1}^{m_2} D(g_j) \tag{2.3}$$

上述两种失效模式可通过 Kiewitt6 型网壳在单根构件失效后的连续倒塌响应进行验证，网壳的 ABAQUS 有限元模型如图 2.1 所示。荷载主要由三部分组成：杆件及节点自重、附加恒载、活载。附加恒载和活载分别选取 $1kN/m^2$ 和 $0.5kN/m^2$，上述均布荷载等效成节点荷载后施加于各节点；有限元软件自动计算生成杆件自重；节点自重（近似取 0.25 倍杆件自重）平均施加于各节点。荷载组合采用 1.2 倍的恒载叠加 0.5 倍的活载。材料使用双线性等向强化模型，弹性模量和屈服应力分别为 206GPa 和 235MPa，强化段切线模量取 0.01 倍的弹性模量，阻尼比设为 0.03。

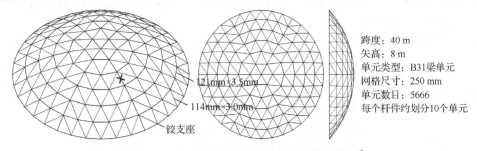

跨度：40 m
矢高：8 m
单元类型：B31梁单元
网格尺寸：250 mm
单元数目：5666
每个杆件约划分10个单元

121mm×3.5mm
114mm×3.0mm
铰支座

图 2.1　Kiewitt6 型网壳的 ABAQUS 有限元模型[①]

备用荷载路径（alternate path，AP）法是通过假定结构中某些重要构件失效，分析剩余结构能否形成新的荷载传递路径，从而判断结构是否会发生连续倒塌，是目前应用较为广泛的一种抗连续倒塌分析方法[5,6]。采用 AP 法对该网壳进行连续倒塌分析，给出重要构件失效前后杆件的轴力 N 与弯矩 M 变化如图 2.2 所示[图 2.2（c）和（d）给出能够提供竖向抗力的杆件竖直平面内弯矩]。

注：①圆钢管截面尺寸均表示为直径 ϕ×壁厚。

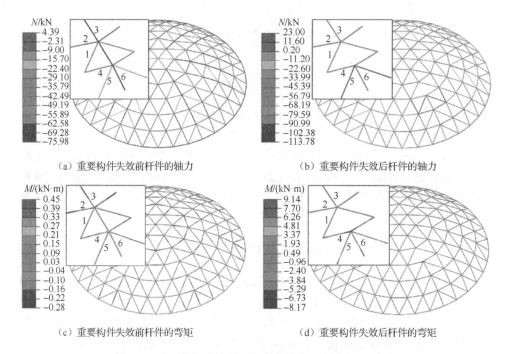

（a）重要构件失效前杆件的轴力　　　　　（b）重要构件失效后杆件的轴力

（c）重要构件失效前杆件的弯矩　　　　　（d）重要构件失效后杆件的弯矩

图 2.2　重要构件失效前后杆件的轴力 N 与弯矩 M 变化

通过分析可知，重要构件失效后，其邻近区域的杆件轴力显著增加（最大轴压力增大 50%，轴拉力也有所增加）。重要构件失效前，杆件的弯矩基本可以忽略，重要构件失效后，杆件最大弯矩成倍增加，说明重要构件失效后部分杆件的受力模式发生了本质改变。

图 2.3 为失效区域杆件的轴力和弯矩时程曲线（弯矩为各杆件两端弯矩绝对值的平均值；拉力为正，压力为负）。由图 2.3 可知，失效构件上方杆件 1 的轴压力增加明显，而下方杆件 5、6 的轴压力有减小趋势，杆件 5 的轴力由压缩转为拉伸。另外，相对于杆件 4 的杆端弯矩增加情况，杆件 1、2、3 的杆端弯矩增加较小。

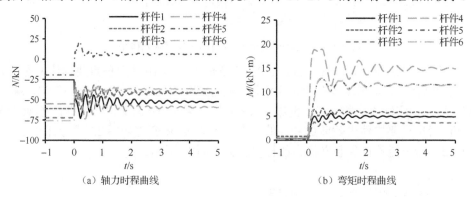

（a）轴力时程曲线　　　　　　　　（b）弯矩时程曲线

图 2.3　失效区域杆件的轴力和弯矩时程曲线

综上所述，重要构件上方区域主要通过杆件轴压力分担局部失效引起的不平衡荷载（对应于稳定失效），而下方区域主要通过杆端弯矩和杆件轴拉力重新分配不平衡荷载（对应于强度失效）。

基于强度失效和稳定失效模式，图 2.4 给出代表两类失效模式的大跨度空间网格结构子结构模型，对应三种抗倒塌机制：压杆机制、梁机制及悬链线机制[7,8]。其中，稳定失效子结构的杆件主要承受轴压力，失效由失稳引起，表现为压杆机制；强度失效子结构在小变形状态下，杆件端部主要承受弯矩和剪力，此时梁机制发挥作用；随着变形的增加，杆件的受力逐渐转变为受拉为主，以悬链线机制抵抗外荷载，最终杆件端部发生强度破坏导致结构失效。

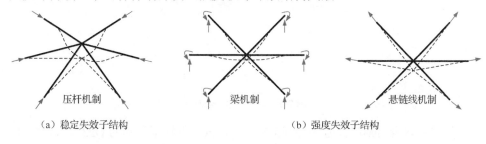

（a）稳定失效子结构 （b）强度失效子结构

图 2.4 代表两类失效模式的大跨度空间网格结构子结构模型

2.2 抗连续倒塌机制试验研究

2.2.1 子结构试件设计

基于大跨度空间网格结构子结构模型，考虑网格形式与杆件是否失效，设计 8 个足尺子结构试件，如图 2.5 所示。T(R)-30(0)-I(D)中的 T、R 分别代表三角形和四边形网格；30 和 0 代表杆件与水平面的夹角（当夹角为 30°时，子结构发生稳定失效）；I、D 分别代表初始子结构和剩余子结构试件。实际子结构边界条件应是具有一定刚度的弹性边界，但是设定弹性边界需要选定边界刚度值，它随子结构位置的不同差异较大，因此无法准确取值。为简化试验设计与分析，边界均采用理想的固定连接。

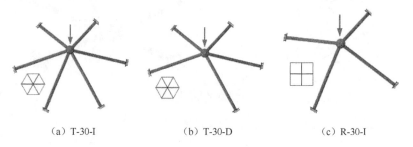

（a）T-30-I （b）T-30-D （c）R-30-I

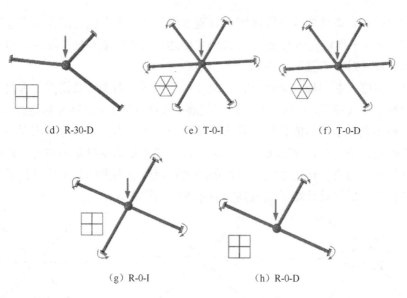

（d）R-30-D　　　　　　　（e）T-0-I　　　　　　　（f）T-0-D

（g）R-0-I　　　　　　　　　（h）R-0-D

图 2.5　足尺子结构试件

除空心球所用钢材型号为 Q345 外，其余试件钢材型号均为 Q235。试件的跨度为 4m，杆件长度依据倾角不同分别为 2056mm（30°）和 1843mm（0°）。参考图 2.1 网壳模型的构件尺寸，圆钢管杆件的截面规格为 102mm×3.9mm，空心球节点的截面规格为 300mm×8mm，周边连接板均选用 16mm 厚钢板通过 4 个 M24 高强螺栓与底座进行固定连接。为保证焊缝质量，在圆钢管两端设置截面为 94mm×3.5mm 的 40mm 长内衬管，如图 2.6 所示。圆钢管杆件的材料力学性能参数见表 2.1。

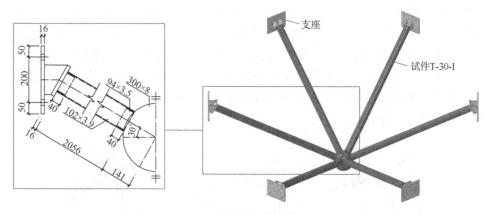

（a）稳定失效子结构试件

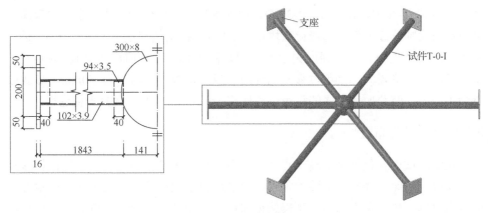

（b）强度失效子结构试件

图 2.6　试件细部构造（单位：mm）

表 2.1　圆钢管杆件的材料力学性能参数

截面规格/（mm×mm）	弹性模量 E/GPa	屈服强度 f_y/MPa	抗拉强度 f_u/MPa	极限应变
102×3.9	206	335	465	0.193

2.2.2　试验装置及加载方案

试验采用图 2.7 装置所示空间自平衡刚性底座进行加载，底座环梁为试件提供固定连接边界条件。实际单层球面网壳结构的节点主要承受竖直向下的荷载，考虑作动器向下加载存在的受压倾斜问题，将试件颠倒放置，采用竖直向上的静力推覆加载方法。空心球节点连接 100t 的电液伺服作动器，作动器加载端为万向铰，可绕任意方向自由旋转，以模拟失效过程的节点转动。

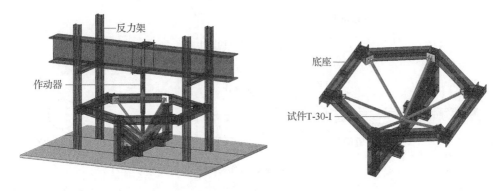

图 2.7　试验装置

由于杆件倾角不同，试件的受力变形特征存在较大差异。稳定失效子结构试件（T-30-I、T-30-D、R-30-I、R-30-D）均为压杆，轴向变形较小但承载力较高，采用荷载控制分级加载，每级荷载增量为 50kN，控制加载速率不大于 0.1mm/s，避免杆件突然失稳。对于强度失效子结构试件（T-0-I、T-0-D、R-0-I、R-0-D），试验过程中变形较大，采用位移控制分级加载，每级位移增量为 50mm，加载速率为 1mm/s。两种加载方式的每级荷载持荷 5～10min，保证试验平稳进行。

2.2.3　测试仪器布置

　　试验测试内容包括空心球节点竖向荷载、杆件关键截面的应变、试件位移及杆件在竖直平面内绕节点的转动角度。图 2.8 仅示出在同一竖直平面内两根杆件的测试仪器布置，左右两边分别表达位移计、倾角仪和应变片布置。空心球节点处的竖向荷载-位移曲线可通过作动器自带的测量系统获得。杆件两端截面 A-A、C-C 及中部截面 B-B 较为关键，能够全面反映整根杆件的应变状态，因此在上述截面设置沿轴向的应变片。为监测试验过程中试件的变形状态，采用位移计、倾角仪分别测量杆件的位移和转角。位移计设置在杆件轴线所在竖直平面内且垂直于杆件轴线，倾角仪设置在杆件竖直平面内且靠近中心球节点位置。除图 2.8 中所示主要测试仪器外，在底座环梁处还设置了部分位移计以监测底座变形。在中心球节点位置设置了额外的倾角仪，监测中心球节点的转动情况。

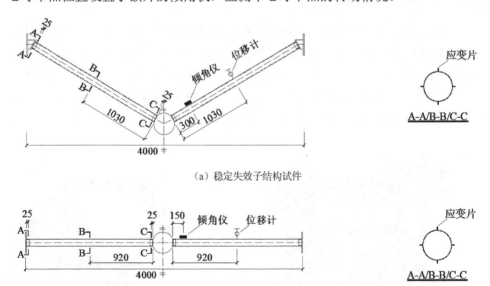

（a）稳定失效子结构试件

（b）强度失效子结构试件

图 2.8　测试仪器布置（单位：mm）

2.2.4　稳定失效试验结果及分析

1. 试验现象与破坏模式

首根杆件失稳前，荷载增加较快，位移较小，无明显试验现象；首根杆件失稳后，荷载开始迅速降低，节点出现偏转，失稳杆件跨中挠度不断加剧且受压侧向内凹陷，杆件端部受压侧出现屈曲变形。对于冗余度较高的稳定失效子结构试件，单根杆件失稳不足以导致竖向倒塌。随着位移的增加，部分杆件相继受压失稳直至试件完全丧失抗力。具体而言，试件 T-30-I 在杆件 4 首先失稳后，受力模式与 T-30-D 基本相同，杆件 3、5 因负担荷载较其余杆件大而发生失稳破坏。由于杆件绕节点逆时针方向受压弯曲失稳，试件 T-30-I、T-30-D 整体绕节点逆时针方向扭转，杆件 1、2、6 出现弯曲变形。试件 R-30-D 仅存在唯一有效传力路径（杆件 2/4），杆件 2 失稳后便无法继续承载。试件 R-30-I 在杆件 1 失稳后，杆件 2 随即失稳引起结构失效。稳定失效子结构试件破坏模式如图 2.9 所示。

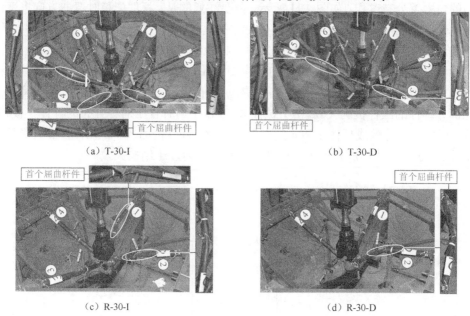

（a）T-30-I

（b）T-30-D

（c）R-30-I

（d）R-30-D

图 2.9　稳定失效子结构试件破坏模式

图 2.10 为稳定失效子结构试件的承载力 F 随位移 Δ 的变化，图中对纵横坐标进行了无量纲化处理。F_p（201.3kN）为单根杆件全截面受压屈服时提供的竖向抗力，θ 表示节点竖向位移与杆件长度的比例关系（此处将其称为虚拟弦转角，$\theta=\Delta/L$），L 为杆件长度。各试件中最先失稳的杆件标于曲线旁。

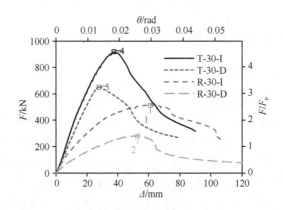

图 2.10　稳定失效子结构试件的承载力 F 随位移 Δ 的变化

2. 压杆机制

　　根据截面 A、B、C 应变测量结果，计算各杆件轴向应变平均值，分析压杆机制的内力重分布过程，如图 2.11 所示。需要注意的是，杆件失稳时弯曲方向多变，因此计算平均应变时应成对选取中心对称位置应变片数据。加载位移较小时，各杆件压应变基本一致，即各杆均能发挥压杆机制。加载位移超过 20mm 后，首先失稳杆件及其对称位置杆件的轴向压应变开始高于其余杆件。接近峰值荷载时，首先失稳杆件压应变急剧增加，其对称位置杆件压应变基本不增加，甚至降低，此部分杆件的压杆机制失效。由于试件 R-30-D 中与杆件 1 对称分布的杆件 3 被移除，杆件 1 可等效成杆件 2 和 4 的平面外支撑，杆件内力较小。在杆件 2 失稳后，试件 R-30-D 无法形成新的压杆机制提供竖向抗力，子结构失效。

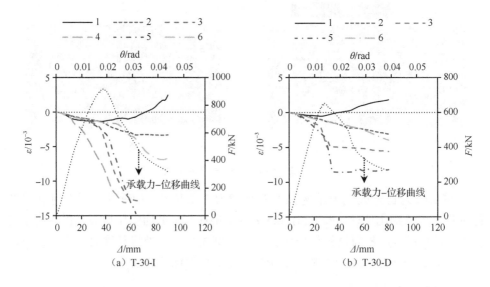

（a）T-30-I　　　　　　　　　　　　　（b）T-30-D

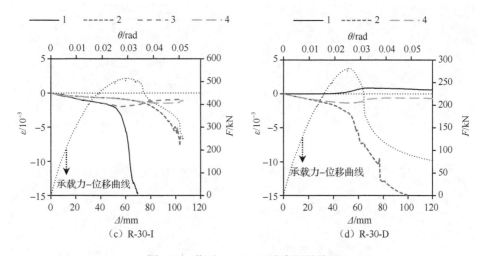

图 2.11　截面 A、B、C 应变测量结果

　　尽管杆件受压能够带来较高的承载能力，但是与强度失效相比，失稳破坏发生迅速，且无明显预兆。在设计过程中应增加受压部分结构的冗余度，避免此类破坏发生。

2.2.5　强度失效试验结果及分析

1.　试验现象与破坏模式

　　加载前期，4 个强度失效子结构试件均处于弹性阶段，受力状态基本一致，承载力-位移曲线呈线性关系。当位移达到 50mm 后，承载力-位移曲线逐渐变缓，杆件端部上下表面进入屈服状态，开始表现较为显著的弹塑性受力特征。当位移为 100mm 时，承载力增长速度加快。加载位移超过 200mm 后，可观察到部分杆件端部出现受拉颈缩现象。随着位移持续增加，承载力达到峰值，若干杆件端部母材先后发生断裂，最终导致试件破坏，破坏模式如图 2.12 所示。

　　对于 T-0-I 和 R-0-I，在母材断裂前中心球节点未出现偏转，各杆受力均匀，呈二力杆受拉特征，杆件基本被拉直，仅节点区域有较大塑性转角。首个杆件（2A、4A）（2A 表示杆件 2 截面 A 附近，以此类推）断裂后试件受力失衡，节点开始以断裂杆件水平垂线方向为轴向上转动，导致与其直接相邻杆件负荷增大，发生第二次断裂（3C、1C）。由于试件 R-0-I 仅存在杆件 2/4 及杆件 1/3 两条传力路径，在杆件 4、1 相继断裂后失去承载能力，而 T-0-I 在传力路径（杆件 2/5、杆件 3/6）失效后，仍能继续承载至发生第三次断裂（4C）。

　　对于 T-0-D 和 R-0-D，在加载前期节点便开始转动，减缓了与失效构件对称分布的杆件 1 两端弯曲变形，但其余杆件将发生一定程度的扭转。在发生首次断

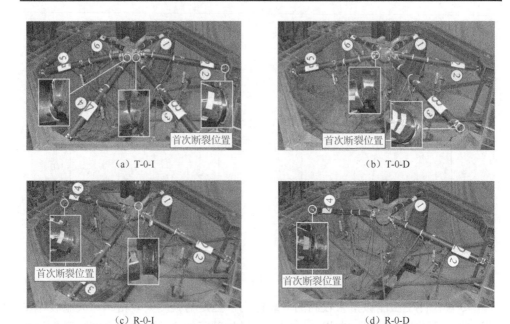

（a）T-0-I　　　　　　　　　　（b）T-0-D

（c）R-0-I　　　　　　　　　　（d）R-0-D

图 2.12　强度失效子结构试件破坏模式

裂（3A、4A）后，R-0-D 因无多余传力路径承受不平衡荷载而破坏，随着杆件 5
断裂（5C），T-0-D 的第二道防线（杆件 2/5）失效，无法继续承载。

图 2.13 为强度失效子结构试件的承载力-位移曲线，同样对其进行无量纲化
处理。F_p（13.7kN）为单根杆件两端全截面受弯屈服提供的竖向承载力，θ 为杆
件的弦转角（$\theta = \Delta/L$）。强度失效子结构试件由杆件断裂引起破坏，断裂位置标
于曲线旁。

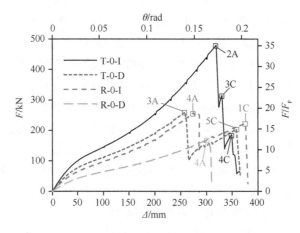

图 2.13　强度失效子结构试件承载力-位移曲线

2. 梁机制与悬链线机制

图 2.14 为各杆件端部截面 A、C 受拉和受压侧应变平均值随加载位移变化曲线。需要特别说明的是，在杆件端部进入塑性大变形情况下，应变数据会出现陡增甚至失效现象。图 2.14 中，加载位移小于 50mm 时，端部截面 A、C 受拉和受压侧应变平均值基本呈相反数关系，说明加载前期试件抗力主要由梁机制提供。随着位移增加，T-0-I、R-0-I 截面应变均向受拉趋势转变，受拉侧应变持续增加，受压侧应变基本稳定。T-0-D 因移除失效构件，截面应变向受拉趋势转变的程度不同（杆件 3、5 最大，杆件 2、6 次之，杆件 1 最小）。R-0-D 杆件数目较少，杆件 1 缺乏有效的轴向约束，截面应变始终处于受弯状态。

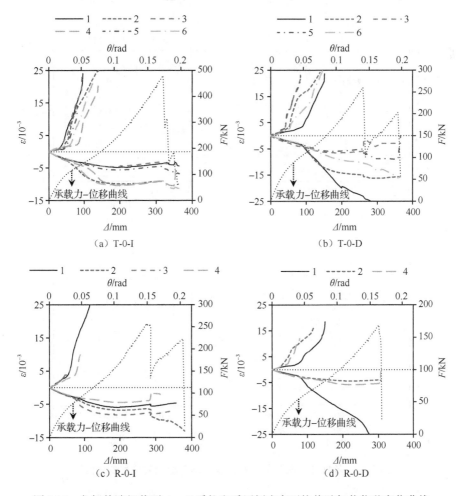

图 2.14　各杆件端部截面 A、C 受拉和受压侧应变平均值随加载位移变化曲线

截面 B 位于杆件中部反弯点位置，变形以轴向拉伸为主，根据截面 B 的轴向平均应变测量结果可知各杆件轴向受拉发展规律，如图 2.15 所示。图 2.15 中，位移超过 150mm 后，在杆件轴向约束有效的情况下，截面 B 平均拉应变逐渐增大，悬链线机制开始抵抗更多竖向荷载，加载后期拉应变增加速度加快，悬链线机制成为主导的抗倒塌机制。对于移除失效构件的试件 T-0-D、R-0-D，部分杆件（T-0-D 的杆件 1、2、6，R-0-D 的杆件 1）的边界条件发生改变，导致悬链线机制无法完全发挥作用。进入破坏阶段后，杆件相继受拉断裂，应变数据突变，最终均发生强度破坏。此外，加载前期截面 B 应变平均值出现负值，表明尽管杆件直径较小，同样可以形成类似框架结构的压力拱现象。

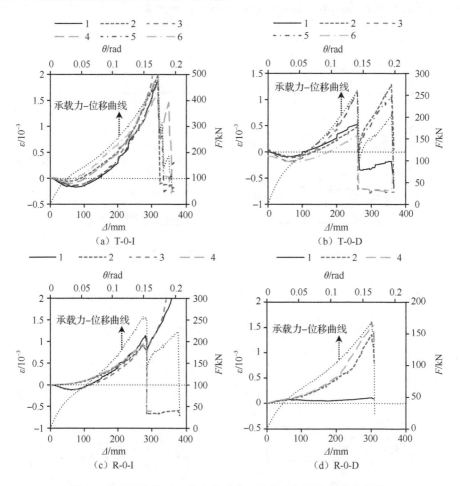

图 2.15　各杆件截面 B 轴向拉应变平均值随加载位移变化曲线

2.3　抗连续倒塌工作机理有限元分析

2.3.1　有限元模型

　　图 2.16 和图 2.17 分别为稳定失效和强度失效子结构试件的有限元模型,所有部件均采用壳单元 S4R 建立。杆件端部受力变形较为突出,是研究的重点区域,结构倒塌常源于杆件端部的断裂和屈曲。因此,杆件两端 200mm 范围及内衬管采用网格尺寸为 5mm 的 S4R 壳单元建模,杆件中部网格选取 20mm 的较大尺寸,两种不同尺寸壳单元之间通过 100mm 长度的过渡区进行连接。杆件及内衬管与中心球节点通过绑定连接,内衬管与杆件内壁间采用法向硬接触切向无摩擦的接触设置方法。试验发现,底座在整个试验过程中较为稳固,可以为试验试件提供一个较好的固定边界条件。因此,在建模过程中使用固定边界条件,约束周边杆端所有方向自由度。

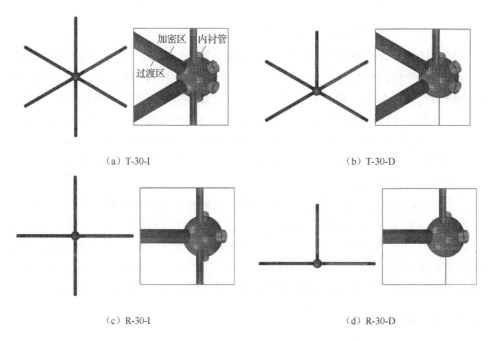

（a）T-30-I　　　　　　　　　　　　　　　（b）T-30-D

（c）R-30-I　　　　　　　　　　　　　　　（d）R-30-D

图 2.16　稳定失效子结构试件的有限元模型

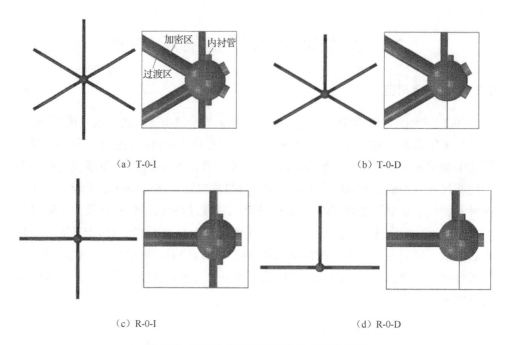

（a）T-0-I　　　　　　　　　　　　　　　　　（b）T-0-D

（c）R-0-I　　　　　　　　　　　　　　　　　（d）R-0-D

图 2.17　强度失效子结构试件的有限元模型

　　杆件的材料属性依据表 2.1 所示实测值设置，材料本构使用双线性等向强化模型，内衬管材性与杆件保持一致。杆件屈曲后期及杆件断裂均伴随着材料的损伤累积和失效，参考文献[9]和[10]，不考虑应力三轴度对损伤参数的影响，将起始损伤等效塑性应变设置为 0.12，材料断裂时的等效塑性应变设置为 0.26，网格尺寸为 5mm 的端部壳单元失效时对应的塑性位移为 0.7mm。球节点具有较大的刚度和强度，在试验过程中未出现明显变形现象，故将有限元模型中的空心球节点定义为理想弹性体。

　　在静力推覆过程中试件变形较大，期间出现杆件屈曲和断裂，具有较强的几何和材料非线性。为了避免求解分析过程中的收敛性问题，使用显式求解器 ABAQUS/Explicit 完成该分析。尽管该求解器主要用于求解动力问题，在合理设置加载时间情况下，也能够较好地模拟大变形工况下的静力问题。图2.16和图2.17中模型的加载时间均为1s，分析结果表明，此时动力效应基本可以忽略。

2.3.2　模型验证

　　稳定失效子结构试件承载力-位移试验曲线与有限元分析的对比如图 2.18 所示。由图 2.18 可知，二者的峰值承载力基本保持一致，但峰值承载力对应的位移差别却较大，这是由空间自平衡加载系统变形引起的。按照式（2.4）、式（2.5）进行理论分析可知，试验杆件在理想受压屈服情况下，轴向压缩变形 δ 仅有 3.3mm；当杆件倾角 θ_o 为 30°时，会引起 6.6mm 的竖向位移 Δ（图 2.19）。考虑到杆件受压失稳会在杆件屈服前出现，故有限元分析计算得出的 6mm 位移具有合理性。

$$\delta = f_y / E \times L \tag{2.4}$$

$$\Delta = \delta / \sin\theta_o \tag{2.5}$$

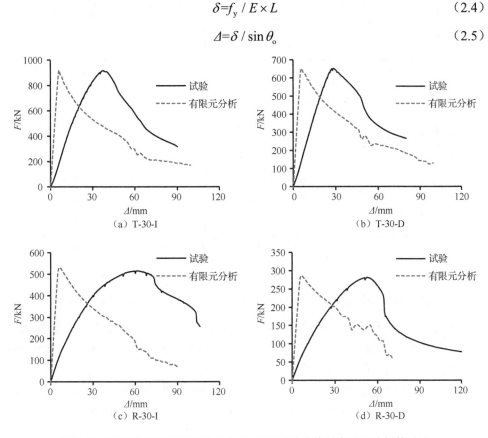

（a）T-30-I

（b）T-30-D

（c）R-30-I

（d）R-30-D

图 2.18　稳定失效子结构试件承载力-位移试验曲线与有限元分析的对比

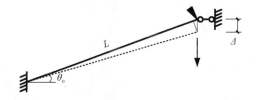

图 2.19　稳定失效子结构试件竖向位移误差分析

强度失效子结构试件的承载力-位移试验曲线与有限元分析结果吻合较好，峰值承载力及对应位移基本保持一致，如图 2.20 所示。由于分析模型具有对称性，试件 T-0-D 和 R-0-I 的两次断裂在模拟过程中几乎同时发生。考虑材料和几何参数在试验模型中具有一定的随机性，实际断裂发生过程具有明显的先后次序。

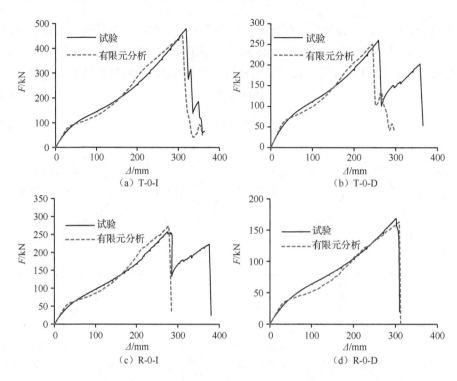

图 2.20　强度失效子结构试件承载力-位移试验曲线与有限元分析的对比

　　有限元分析下的子结构试件失效模式如图 2.21 所示（仅给出代表性试件 T-30-I 和 T-0-I 的计算结果），其与试验失效模式[图 2.9（a）、图 2.12（a）]吻合较好。试件 T-30-I 的首个屈曲杆件与试验相同，且最终杆件的失稳形态与试验一致。试件 T-0-I 的首次断裂位置与试验完全一致，后续杆件断裂的发生与实际情况也能吻合。综上所述，有限元分析建模方法准确可靠，可用于后续研究工作。

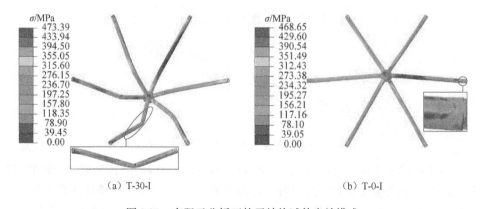

图 2.21　有限元分析下的子结构试件失效模式

2.3.3　单根杆件受力分析

基于验证后的有限元建模方法，对单个杆件进行数值分析，揭示杆件在不同受力模式下的应力分布及不同抗倒塌机制的作用机理。单根杆件的有限元模型如图 2.22 所示。杆件截面与试验模型保持一致，杆件通常采用网格尺寸为 10mm 的 S4R 壳单元。材料设置参考试验试件的有限元模型，分析过程同样采用显式求解器 ABAQUS/Explicit 完成。需要特殊说明的是，为了简化分析模型，不考虑材料的损伤和断裂。

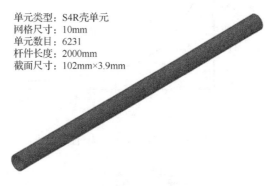

单元类型：S4R壳单元
网格尺寸：10mm
单元数目：6231
杆件长度：2000mm
截面尺寸：102mm×3.9mm

图 2.22　单根杆件的有限元模型

通过分析试验模型，可提取如图 2.23 所示的两类不同边界条件的杆件，即约束杆件和自由杆件。约束杆件指杆件两端具有水平约束，当杆件倾角为 30°时，能够在杆件中形成轴向压力；当杆件倾角为 0°时，大变形工况下可以形成轴向拉力。结构在局部失效工况下的抗倒塌能力主要来源于此类杆件，压杆机制与悬链线机制主要在此类杆件中发挥作用。自由杆件由于缺乏有效水平约束，杆件中的轴向内力基本可以忽略。

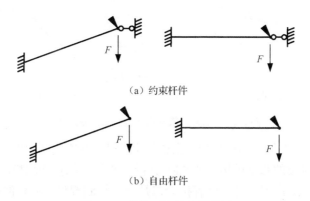

（a）约束杆件

（b）自由杆件

图 2.23　单根杆件的力学简图

　　杆件倾角为 30°的约束杆件主要通过压杆机制承受荷载，图 2.24 为稳定失效杆件的承载力-位移曲线，稳定失效杆件失稳过程应力云图如图 2.25 所示。由于杆件内力主要由压力组成，压杆机制的承载力在没有显著变形情况下快速增加，随后在杆件中点发生轻微挠度后迅速减小。峰值承载力后杆件中部和两端发生局部屈曲和凹陷，整个杆件的应力水平随着加载位移的增加而不断降低。

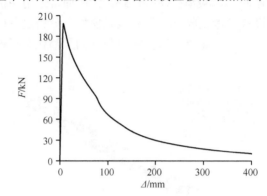

图 2.24　稳定失效杆件承载力-位移曲线

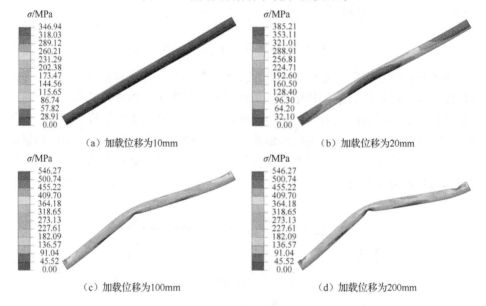

图 2.25　稳定失效杆件失稳过程应力云图

　　杆件倾角为 0°的约束杆件主要通过梁机制和悬链线机制承受荷载，其破坏过程为杆端达到极限的强度破坏，图 2.26 分析了该杆件的抗倒塌机制转化关系。当加载位移小于 50mm 时，几乎所有抗力都是由梁机制提供。加载位移超过 200mm后，悬链线机制是抵抗竖向荷载作用的主要抗倒塌机制。

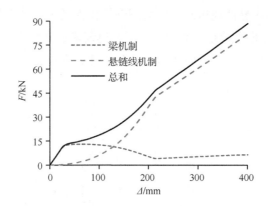

图 2.26　强度失效杆件的抗倒塌机制转化关系

　　图 2.27 为强度失效杆件破坏过程的应力云图，塑性变形集中在杆件端部，杆端形成塑性铰。当加载位移为 300mm 时，杆件轴线基本可视为直线，此时悬链线机制充分发挥作用。

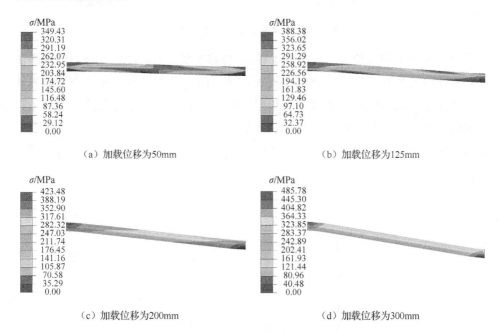

图 2.27　强度失效杆件破坏过程应力云图

　　上述稳定失效杆件与强度失效杆件的倾斜角度不同，导致抗倒塌机制在本质上的区别。图 2.28 为不同倾角约束杆件竖向承载力和水平承载力与位移的关系，以分析抗倒塌机制与杆件倾角的关系。由图 2.28（a）可知，当杆件倾角大于 5°时，杆件由通过梁机制和悬链线机制承载力逐渐转化为通过压杆机制承载力。竖向承载力-位移曲线逐渐出现峰值，有明显承载力迅速增加和减小的过程。同时，水平承载力逐渐由正向拉力转为负向压力，说明悬链线机制逐渐转化为压杆机制。

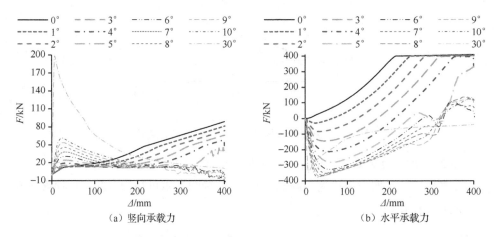

（a）竖向承载力　　　　　　　　　（b）水平承载力

图 2.28　不同倾角约束杆件竖向承载力和水平承载力与位移的关系

图 2.29 为不同倾角自由杆件的承载力-位移曲线。当杆端水平自由度被释放后，其轴向力基本不发展。此时梁机制是唯一的抗倒塌机制，杆件的承载力较低。当杆端形成塑性铰时杆件达到极限承载力状态，由于杆件截面相同，故极限承载力受杆件倾角的影响较小。不同倾角自由杆件达到极限承载力状态的应力云图如图 2.30 所示，图中杆件端部均形成明显塑性铰，而杆件中部基本处于弹性状态。

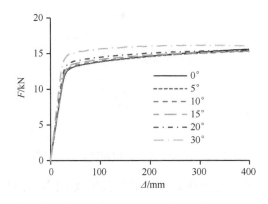

图 2.29　不同倾角自由杆件承载力-位移曲线

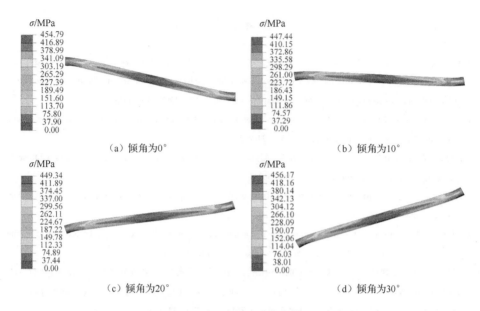

（a）倾角为0° （b）倾角为10°

（c）倾角为20° （d）倾角为30°

图 2.30 不同倾角自由杆件达到极限承载力状态的应力云图

2.4 本 章 小 结

本章讨论了 8 个大跨度空间网格子结构的静力推覆试验，基于此完成了试验模型和单根杆件的有限元分析，主要结论如下：

（1）提出两种代表性的大跨度空间网格子结构模型，即稳定失效子结构和强度失效子结构，分别对应三种抗连续倒塌机制，即压杆机制、梁机制和悬链线机制。

（2）压杆机制为稳定失效子结构的主要抗倒塌机制。首根杆件失稳后，仍有部分杆件相继受压失稳，最终发生整体失稳。失稳过程发生迅速，且无明显预兆。设计过程中应增加受压部分结构的冗余度，避免此类破坏发生。

（3）对于强度失效子结构，加载前期主要由梁机制提供抗力。随着加载位移的增加，悬链线机制提供的竖向抗力快速增长。若干杆件端部母材先后发生断裂导致结构失效，杆件断裂前可观察到部分杆件端部出现受拉颈缩现象。

（4）提出两类代表性受力模式杆件，即约束杆件和自由杆件。大跨度空间网格结构在局部失效工况下的抗倒塌能力主要来源于约束杆件，压杆机制与悬链线机制主要在此类杆件中发挥作用。当约束杆件倾角大于 5°时，杆件由通过梁机制和悬链线机制承载力逐渐转化为通过压杆机制承载力。

参 考 文 献

[1] 赵宪忠, 闫伸, 陈以一. 大跨度空间结构连续性倒塌研究方法与现状[J]. 建筑结构学报, 2013, 34(4): 1-14.

[2] SAGIROGLU S, SASANI M. Progressive collapse-resisting mechanisms of reinforced concrete structures and effects of initial damage locations[J]. Journal of Structural Engineering, 2014, 140(3): 04013073.

[3] LU X Z, LIN K Q, LI C F, et al. New analytical calculation models for compressive arch action in reinforced concrete structures[J]. Engineering Structures, 2018, 168: 721-735.

[4] ZAMPIERI P, FALESCHINI F, ZANINI M A, et al. Collapse mechanisms of masonry arches with settled springing[J]. Engineering Structures, 2018, 156: 363-374.

[5] PANTIDIS P, GERASIMIDIS S. Progressive collapse of 3D steel composite buildings under interior gravity column loss[J]. Journal of Constructional Steel Research, 2018, 150: 60-75.

[6] ADAM J M, PARISI F, SAGASETA J, et al. Research and practice on progressive collapse and robustness of building structures in the 21st century[J]. Engineering Structures, 2018, 173: 122-149.

[7] 田黎敏, 郝际平, 魏建鹏. 大跨度单层空间网格结构抗连续性倒塌分析[J]. 建筑结构学报, 2016, 37(11): 68-76.

[8] TIAN L M, WEI J P, HAO J P. Anti-progressive collapse mechanism of long-span single-layer spatial grid structures[J]. Journal of Constructional Steel Research, 2018, 144: 270-282.

[9] LIU C, FUNG T C, TAN K H. Dynamic performance of flush end-plate beam-column connections and design applications in progressive collapse[J]. Journal of Structural Engineering, 2016, 142(1): 1-14.

[10] LIU C, TAN K H, FUNG T C. Investigations of nonlinear dynamic performance of top-and-seat with web angle connections subjected to sudden column removal[J]. Engineering Structures, 2015, 99: 449-461.

第3章 等效冲击荷载下结构的
抗连续倒塌性能

构件的瞬时失效可视为杆件内力的突然消除，相当于一个反向的突然加载过程[1,2]。为了获得广泛的适用性且避免多余的影响因素，本章基于稳定失效和强度失效子结构模型，开展等效冲击荷载下空间网格子结构的动力试验，为大跨度空间网格结构抗连续倒塌动力分析提供基础试验数据。在此基础上，采用验证后的有限元动力分析方法对 8 个不同空间网壳进行拆除杆件动力分析，明确单层球面网壳的重要区域位置。

3.1 试 验 方 案

3.1.1 子结构试件设计

在大跨度空间网格子结构静力试验研究基础上，考虑实验室加载能力，设计如图 3.1 所示的两个缩尺试件。试件跨度为 2.4m，稳定失效和强度失效缩尺试件的杆件倾角分别为 10°和 0°。杆件截面规格为 20mm×2mm，中心空心球节点截面规格为 80mm×8mm。在球节点顶部焊接平钢板−8mm×160mm×160mm，用于放置测试仪器。同时，在中心球节点位置上下侧分别焊接带孔钢板，用于在中心位置施加竖向等效突加荷载。周边节点简化为固定支座，通过一块带有四个螺栓孔的钢板与试验底座连接。

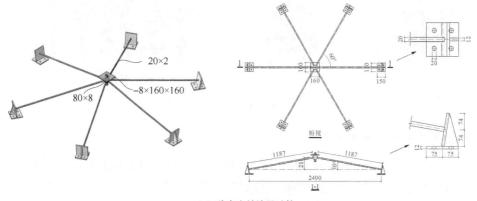

（a）稳定失效缩尺试件

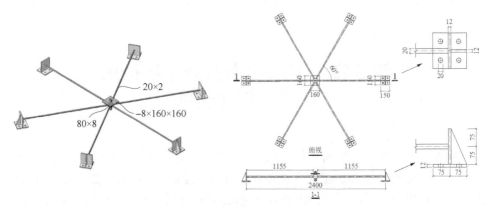

（b）强度失效缩尺试件

图 3.1　两个缩尺试件细部构造（单位：mm）

试件的材料均为 Q235 钢材，表 3.1 为圆钢管杆件的材料力学性能参数。为了数据的准确性，测试了 6 个材料力学性能相同的试样，试样长度为 200mm，如图 3.2 所示。为防止端部夹持部分压扁破坏，在试样两端分别塞入圆形截面短钢棒。钢棒直径为 16mm，长度为 50mm。焊接空心球节点（80mm×8mm）和所有钢板的变形基本可以忽略，材料力学性能均未测量。

表 3.1　圆钢管杆件的材料力学性能参数

截面规格/（mm×mm）	弹性模量 E / GPa	屈服强度 f_y / MPa	抗拉强度 f_u / MPa	极限应变
20×2	206	387	535	0.143

（a）测试前　　　　　　　　（b）测试后　　　　　　　　（c）测试完毕

图 3.2　圆钢管试样材料力学性能测试

3.1.2　试验装置及加载方案

以全尺寸 Kiewitt 型网壳为例，图 3.3 解释了试验中加载方法的力学原理。突然施加的荷载与失效构件之间的相关性如下：首先，在理想状态下，大跨度空间网格结构的构件总是承受轴力，失效构件可以用两个集中力来代替。其次，构件的突然失效可以看作是构件两端两个突然施加的荷载。两个荷载的方向分别与集中力的方向相反，荷载的值与集中力的值相等。

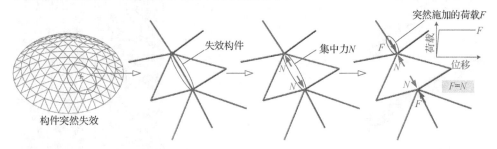

图 3.3 加载方法力学原理

构件失效引起的突加荷载，荷载方向具有不确定性。为了便于分析试验结果和方便加载，在中心球节点位置施加竖向突加荷载。由于结构具有对称性，两个试件的动力过程可等效为单自由度体系的自由振动。理想情况下，6 个杆件的内力相同，中心节点沿竖直方向自由振动。

试验装置如图 3.4 所示，刚性底座为试件提供了稳固的边界条件和充足的加载空间，采用螺栓锚固于结构实验室地面槽道。突加荷载系统包括五部分：释放装置、荷载调节装置、2 个荷载传感器和底部挂载。图 3.5 为释放装置工作过程，该装置可以通过电脑远程控制。固定底座绑定于顶部的反力梁，两个电磁铁可以自由释放，与磁铁相连的两个杠杆增大了释放装置的加载能力。采用两个花篮螺栓作为荷载调节装置，放置于释放装置下部调节突加荷载大小。此外，顶部和底部绳索的拉力通过两个 S 型荷载传感器进行测量，底部挂载通过钢吊篮施加。

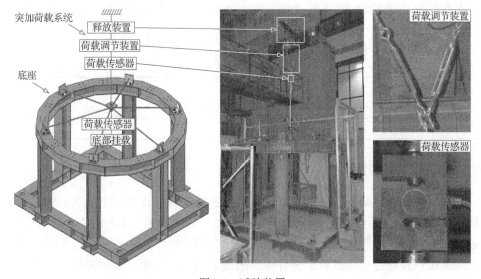

图 3.4 试验装置

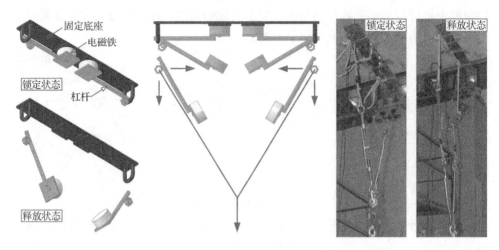

图 3.5　释放装置工作过程

突加荷载施加具体过程：①通过接通电磁铁电源锁定释放装置。②将砝码放入钢吊篮，同时调节上部绳索的拉力，使上部绳索拉力与下部绳索相同。该过程须尽可能保持同步，使底部挂载完全由顶部绳索承担，此时试件基本不承受荷载。③达到预定挂载量时，等待一段时间使整个试验系统处于平稳状态，随后触发释放装置实现突加荷载。

表 3.2 为两个试件突加荷载施加方案，每个试件在 3 种等效突加荷载工况下共计加载 7 次。前 2 个较小等效突加荷载工况不会使结构出现不可恢复的塑性变形，而在第 3 个工况结构将出现不同程度的损伤和变形。因此，前 2 个荷载工况可以分别进行 3 次重复试验，获取更多动态响应试验数据，以便进行相互校核。

表 3.2　突加荷载施加方案

参数	稳定失效试件			强度失效试件		
突加荷载 / kg	200	400	1000	50	100	300
加载次数	3	3	1	3	3	1

3.1.3　测试仪器布置

测试仪器布置如图 3.6 所示。采用两个拉线式位移计测量中心节点的垂直位移，两个位移计相互校核，使中心节点位移试验数据准确可靠。试件具有对称性，各杆件的受力模式和应力分布相同，因此仅在部分杆件上粘贴 8 个应变片。稳定失效缩尺试件的应变片放置于杆件中部的侧面与上下表面，监测杆件失稳方向和试件整体变形模式。强度失效试件的杆件承受杆端弯矩和轴向拉力作用，变形主

要集中在杆件端部，故应变片均放置于杆端上下表面。图 3.7 为稳定失效试件的
测试仪器实际布置图。此外，测试仪器的采样频率均为 1000Hz，以此记录实时动
态响应。

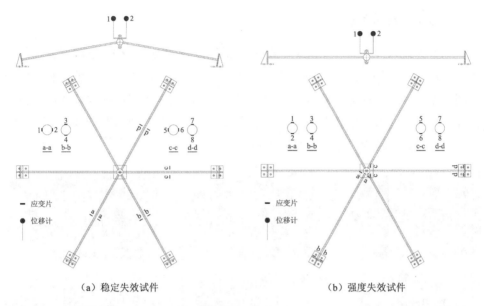

（a）稳定失效试件　　　　　　　　　　　（b）强度失效试件

图 3.6　测试仪器布置

图 3.7　稳定失效试件的测试仪器实际布置图

3.2　试验现象及分析

3.2.1　动力过程试验现象

稳定失效试件在第 3 个荷载工况下突加荷载 1000kg，其动力过程试验现象如图 3.8 所示。突加荷载后，中心节点有明显的向下运动趋势，中心节点和杆件中部剧烈振动。尽管稳定失效试件在短时间剧烈振动后未出现明显残余变形，但单根杆件在动力最大位移状态出现了失稳现象。当突加荷载分别为 200kg 和 400kg 时，整个动力过程中未出现明显的失稳现象。

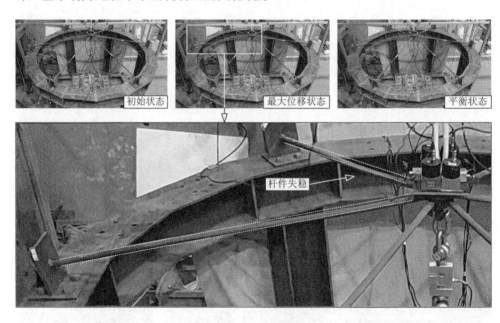

图 3.8　稳定失效试件突加荷载 1000kg 动力过程试验现象

强度失效试件在第 3 个荷载工况下突加荷载 300kg，其动力过程试验现象如图 3.9 所示。由于杆件受力模式不同，强度失效试件的振动幅度和振动时间均大于稳定失效试件。弯曲变形集中在杆件两端，6 个杆件的整体变形模式呈直线状。减少底部挂载后振动幅度随即减小。前 6 次加载完毕后结构仍能恢复至初始状态，无残余变形，而在第 7 次加载完毕后中心节点卸载后的竖向残余变形为 13mm。

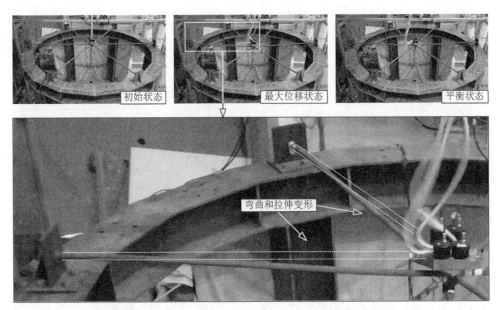

图 3.9　强度失效试件突加荷载 300kg 动力过程试验现象

3.2.2　荷载时程曲线

图 3.10 为顶部荷载传感器的时程曲线，突加荷载时间在图中给出。突加荷载施加完毕后，顶部传感器示数为零。对于前 2 次突加荷载工况，每个工况下的 3 次加载时程曲线基本吻合。最大突加荷载工况下，稳定失效试件和强度失效试件的突加荷载时间分别为 0.1s 和 0.15s。

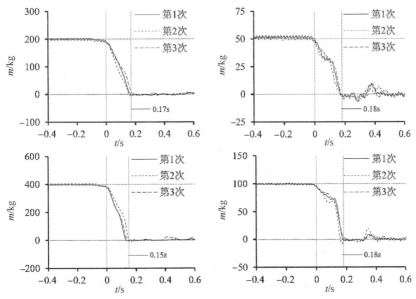

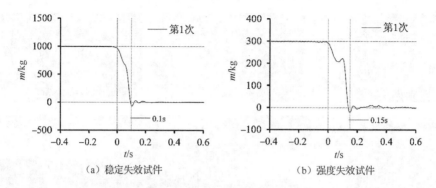

（a）稳定失效试件　　　　　　　　　　（b）强度失效试件

图 3.10　顶部荷载传感器的时程曲线

图 3.11 为底部荷载传感器在最后一个突加荷载过程中的时程曲线，时程曲线记录了动力过程由底部挂载惯性力引起的动力荷载。在触发释放装置后底部绳索的拉力有一个短暂的减小过程，这是由挂载释放后试件逐渐开始承受竖向荷载造成的。在释放过程中底部绳索拉力小于底部重物的重力荷载，释放完毕后底部绳索的拉力与试件的恢复力保持二力平衡状态。稳定失效试件的刚度高于强度失效试件，因此稳定失效试件的振动周期较短，振动时间也相对较短，5s 后基本处于静止状态。

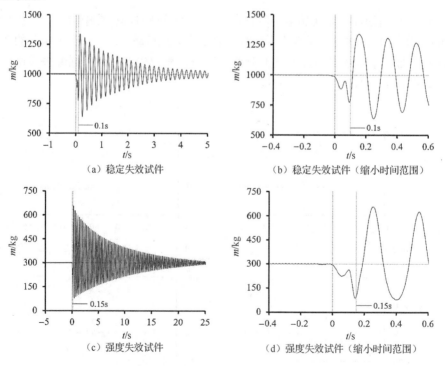

（a）稳定失效试件　　　　　　　　　　（b）稳定失效试件（缩小时间范围）

（c）强度失效试件　　　　　　　　　　（d）强度失效试件（缩小时间范围）

图 3.11　底部荷载传感器在最后一个突加荷载过程中的时程曲线

3.2.3　应变和位移时程曲线

稳定失效试件应变时程曲线如图 3.12 所示。强度失效试件的应变片可分为两类，即杆端受拉侧和受压侧应变片，分别计算二者的平均应变，应变时程曲线如图 3.13 所示。依据材料力学性能结果可知，杆件（20mm×2mm）的屈服应变为 1.879×10^{-3}。在前两种突加荷载工况下，两个试件的最大应变均小于屈服应变，且在相同荷载工况下应变时程曲线吻合较好。因此，试件的变形可恢复，重复试验不影响试件性能，试验加载方案设计合理。稳定失效试件在突加荷载 1000kg 工况下，杆件出现失稳，由于应变片仅布置于未失稳杆件位置，因此最大应变仍小于屈服应变。与此不同的是，强度失效试件的杆件端部在突加荷载 300kg 工况下均进入屈服状态。在该工况下，杆端受压侧仍处于受压状态，但是杆件受拉侧应变绝对值远大于杆件受压侧。此时杆件由弯曲变形模式逐渐转变为拉伸变形模式，即悬链线机制逐渐发挥主导作用。

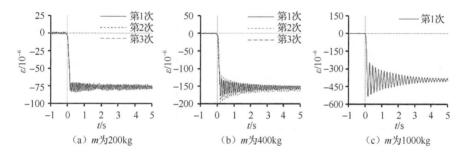

图 3.12　稳定失效试件应变时程曲线

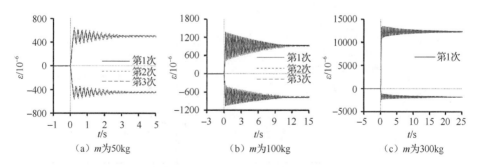

图 3.13　强度失效试件应变时程曲线

最大突加荷载为 1000kg 工况下，稳定失效试件各应变片的测试结果如图 3.14 所示。由同一杆件上的两个应变片可以判断杆件的失稳方向，试验测量的四根杆件失稳方向各不相同，但是各杆件的平均应变近似为 $4.00×10^{-4}$。总之，稳定失效试件的杆件受力均匀，试件未发生整体失稳，仅单个杆件出现失稳现象。突加荷载为 300kg 工况下，强度失效试件各应变片的测试结果如图 3.15 所示。受拉侧应变片 2、3、6、7 之间的应力差异较大，但当突加荷载减小时受拉侧应变片应力差异较小。各杆件进入塑性状态后塑性发展不同步是应力差异的主要原因。在动力荷载作用下，各杆件的悬链线机制不同时起作用，具有不同步性。

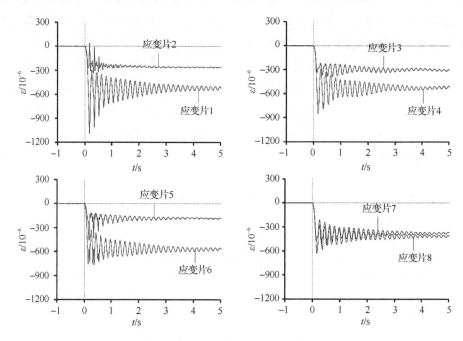

图 3.14　稳定失效试件各应变片测试结果（m 为 1000kg）

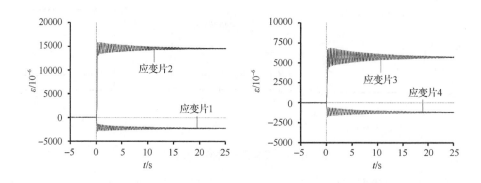

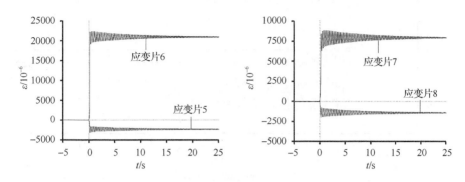

图 3.15 强度失效试件各应变片测试结果（m 为 300kg）

图 3.16 为两种试件的位移时程曲线，各工况下的位移时程曲线均为两个拉线式位移计测量结果的平均值。前两种工况下，三次重复试验的位移时程曲线吻合较好，与荷载传感器、应变片时程曲线类似。由于稳定失效试件具有刚度大、自振频率高的力学特性，在前两种较小突加荷载工况下，动态位移响应几乎可以忽略，接近静止状态。

图 3.17 为两个位移计在最大突加荷载工况下的测试结果，两条曲线基本重合且最大值差异较小，表明两个试件的中心球节点未发生偏转。由于两种试件的承载机制不同，稳定失效试件的变形几乎可以忽略不计，而强度失效试件变形明显。

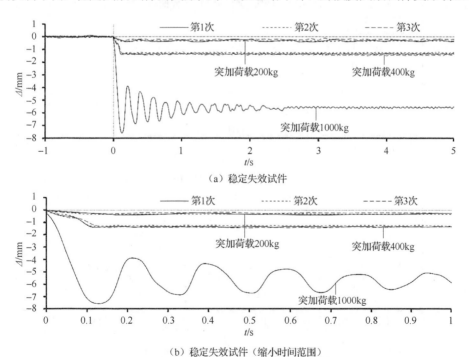

（a）稳定失效试件

（b）稳定失效试件（缩小时间范围）

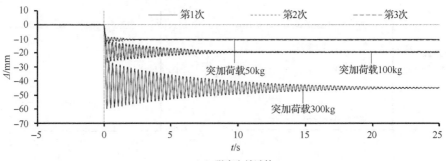

（c）强度失效试件

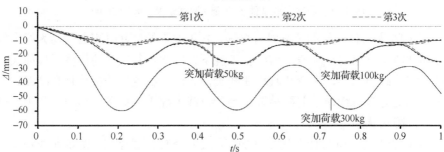

（d）强度失效试件（缩小时间范围）

图 3.16　两种试件的位移时程曲线

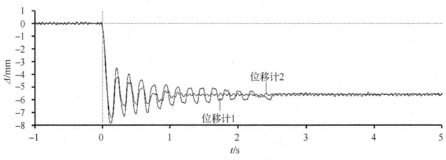

（a）稳定失效缩尺试件

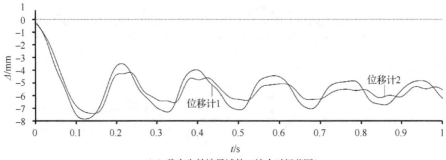

（b）稳定失效缩尺试件（缩小时间范围）

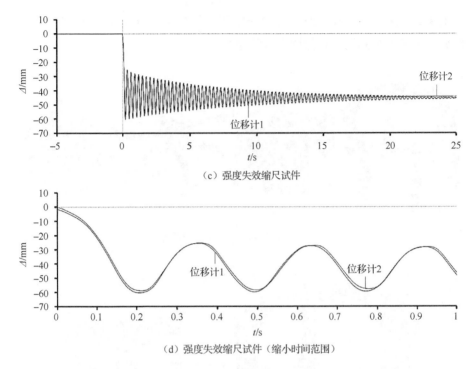

（c）强度失效缩尺试件

（d）强度失效缩尺试件（缩小时间范围）

图 3.17 两个位移计在最大突加荷载工况下的测试结果

上述稳定失效试件和强度失效试件能够较为全面地反映空间网格结构的力学特性，同时单自由度体系便于受力分析。因此，该动力试验可为抗连续倒塌动力分析提供基础试验数据。

3.3 有限元分析

3.3.1 有限元模型

以稳定失效试件为例，说明有限元模型的建立过程，如图 3.18 所示。在建立试件有限元模型的同时建立底座上部结构，以便更加真实模拟实际边界条件。六个立柱的底部采用固定约束，不同部件间的连接采用绑定实现。由于试验过程中摩擦型高强螺栓未出现较为明显的滑动变形，试件和底座环梁间的螺栓连接同样简化为绑定连接。由于试件杆件直径与壁厚比值较静力足尺试验试件大，采用实体单元 C3D8R 建立试件的有限元模型。此外，底座也采用实体单元 C3D8R 建立模型。图 3.19 为试验底座上部结构的细部构造。底座具有对称性，可分为六个部分，主要部件采用 H 型钢制作。底座环梁开设的螺栓孔与试验试件相对应，此外在环梁位置设置加劲肋，以增强局部稳定性。

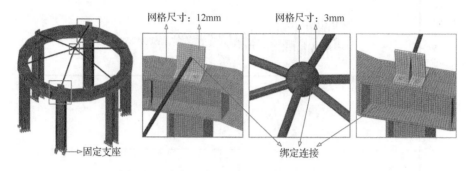

图 3.18　稳定失效试件有限元模型的建立过程

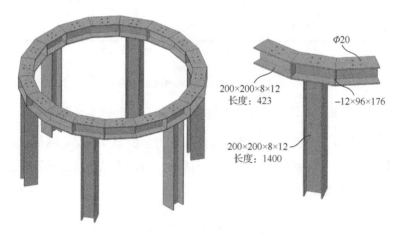

图 3.19　试验底座上部结构的细部构造（单位：mm）

将表 3.1 中的材料力学性能参数转化为真实应力应变，而后赋予杆件，材料本构采用双线性等向强化模型。包括空心球节点在内的其余部件在整个试验过程中变形较小，因此均定义为理想弹性体。此外，由于突加荷载工况下材料应变率较低[3,4]，不考虑动力过程中的应变率效应。通过增大球节点密度的方式实现底部挂载，突加荷载过程通过幅值曲线线性施加。最后，该动力过程分别采用显式求解器 ABAQUS/Explicit 和隐式求解器 ABAQUS/Standard 完成分析。

3.3.2　自振频率分析

图 3.20 给出两种缩尺试件的力学简图，均能等效为单自由度体系。稳定失效

试件的杆件主要承受轴向压力，而强度失效试件在小变形情况下杆件主要承受弯矩作用。基于小变形假定，式（3.1）、式（3.2）分别计算了稳定失效试件和强度失效试件的竖向刚度 k_1 和 k_2，由式（3.3）、式（3.4）可以计算图示单自由度体系的自振频率 f。

$$k_1 = 6EA(\sin\theta_o)^2 / L_1 \tag{3.1}$$

$$k_2 = 72EI / L_2^3 \tag{3.2}$$

$$\omega = \sqrt{k/m} \tag{3.3}$$

$$f = \omega / (2\pi) \tag{3.4}$$

式中，L_1、L_2 分别为稳定失效试件和强度失效试件的杆件长度；A、I 分别为杆件的截面面积和截面惯性矩；m 为集中质量；ω 代表圆频率。

图 3.20　两种缩尺试件的力学简图及等效的单自由度体系

表 3.3 为不同突加荷载工况下自振频率理论值与模拟值对比。稳定失效缩尺试件的竖向刚度为强度失效缩尺试件的 80 倍，因此自振频率较大。采用上述有限元模型计算试件的自振频率，在表 3.3 中对比模拟值与理论值发现，二者吻合较好。试件的一阶振型如图 3.21 所示，中心节点沿竖直方向上下振动，是理想的单自由度体系。

表 3.3　不同突加荷载工况下自振频率理论值与模拟值对比

自振频率	稳定失效试件			强度失效试件		
	200kg	400kg	1000kg	50kg	100kg	300kg
理论值/s^{-1}	21.21	15.00	9.48	4.76	3.36	1.94
模拟值/s^{-1}	20.88	14.83	9.40	4.46	3.21	1.87
偏差/%	1.56	1.13	0.84	6.30	4.46	3.61

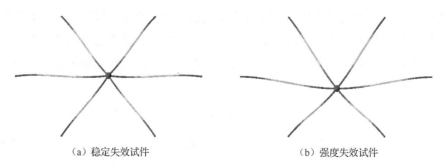

（a）稳定失效试件　　　　　　　　　　　　（b）强度失效试件

图 3.21　两种试件的一阶振型

基于自振频率 f 和位移时程曲线，采用对数衰减法分析得到两种试件的阻尼比 ξ，如图 3.22 所示，有限元模型采用该阻尼比参数。稳定失效缩尺试件的阻尼比是强度失效缩尺试件的 2.5 倍。两个模型的动力过程均由一阶振型主导，因此在有限元模型中施加质量阻尼，质量阻尼系数 α_{m} 可由式（3.5）计算。

$$\alpha_{m} = 2\omega\xi \qquad\qquad (3.5)$$

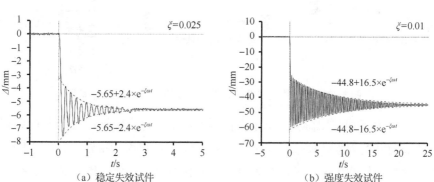

（a）稳定失效试件　　　　　　　　　　　　（b）强度失效试件

图 3.22　对数衰减法确定两种试件的阻尼比 ξ

3.3.3　有限元验证及讨论

图 3.23 为试验和有限元分析的中心节点位移时程曲线对比，两种求解器的计算结果均能和试验曲线吻合，最大竖向位移基本相同。图 3.24 为两种试件在最大位移时刻的变形和应力云图。稳定失效试件的失稳杆件位置及失稳变形模式与试验现象基本一致（图 3.8）。对于强度失效试件，最大位移时刻的变形与试验现象也能吻合，中心节点竖向位移较大（图 3.9）。因此，本章采用显式求解器或隐式求解器模拟抗连续倒塌动力过程准确合理，均能得到可靠的计算结果。应力云图显示，失稳杆件中部和强度失效试件的杆件两端均已进入塑性状态。此外，刚性底座没有明显的变形发生，能够为试件提供稳固的边界条件。

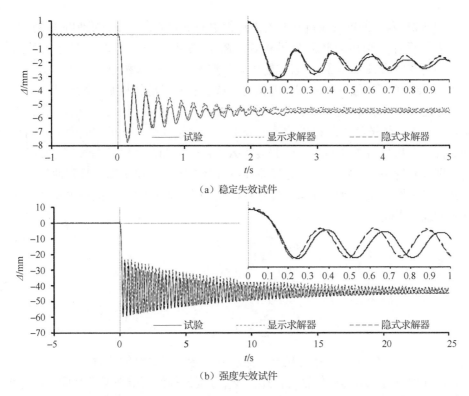

（a）稳定失效试件

（b）强度失效试件

图 3.23　试验和有限元分析的中心节点位移时程曲线对比

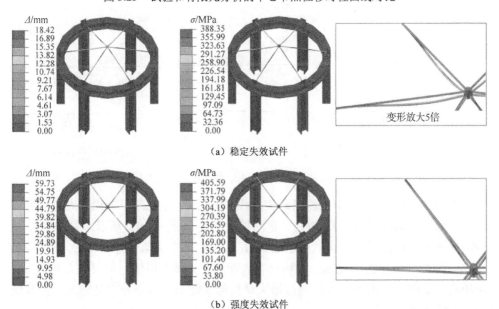

（a）稳定失效试件

（b）强度失效试件

图 3.24　两种试件在最大位移时刻的变形和应力云图

图 3.25 为三种抗倒塌机制在动力过程中的抗力分析。压杆机制的抗力 R_1 与所有受压杆件的轴压力竖向分量相等，R_1 可按式（3.6）计算。稳定失效试件的突加荷载时程曲线与压杆机制抗力 R_1 的时程曲线基本吻合，如图 3.11（a）和图 3.25（a）所示。强度失效试件的抗力由梁机制和悬链线机制共同组成，二者可分别通过式（3.7）和式（3.8）计算得到，如图 3.25（b）和（c）所示。在该突加荷载工况下，悬链线机制提供的抗力处于主导地位，约为梁机制的两倍。两种机制的抗力之和与图 3.11（c）所示强度失效试件的突加荷载时程曲线近似相等。需要特别说明的是，两种机制的时程曲线形状略有不同。梁机制的时程曲线往复振动具有对称性，而悬链线机制不具有对称性，其不对称的往复振动主要由几何及材料非线性引起。

$$R_1 = \sum_{i=1}^{n} N_i \sin \theta_i \tag{3.6}$$

$$R_2 = \sum_{i=1}^{n} (M_{1i} + M_{2i}) / L_i \tag{3.7}$$

$$R_3 = \sum_{i=1}^{n} N_i \Delta_i / L_i \tag{3.8}$$

式中，R_1、R_2、R_3 分别为压杆机制、梁机制、悬链线机制的抗力；n 为与单个节点相连杆件数目；N_i 为杆件轴力；M_{1i}、M_{2i} 分别为杆件两端在竖直平面内的弯矩；Δ_i 为杆件两端的相对位移。

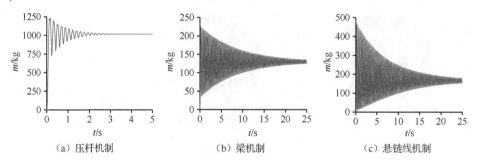

（a）压杆机制   （b）梁机制   （c）悬链线机制

图 3.25   三种抗倒塌机制在动力过程中的抗力分析

图 3.26 为动力过程中的能量时程曲线。外力功 E_w 来源于挂载重力势能的释放，而后转化为内能 E_i、动能 E_k、黏滞损耗 E_v，如式（3.9）所示。黏滞损耗 E_v 与阻尼比设置直接相关，由质量阻尼系数 α_m 决定。一小部分外力功 E_w 转化为动能 E_k，大部分转化为内能 E_i。结构储存内能的能力是有限的，如果外力功过大，结构将发生倒塌。因此，可以通过增大结构储能能力和减小外力功输入，提升结构抗倒塌性能。

$$E_i + E_k + E_v + E_w = 0 \tag{3.9}$$

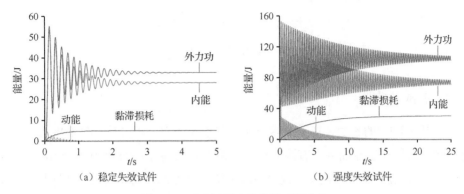

（a）稳定失效试件　　　　　　　　　（b）强度失效试件

图 3.26　动力过程中的能量时程曲线

稳定失效试件和强度失效试件的突加荷载时间分别为 0.1s 和 0.15s，分别等于 0.94T 和 0.28T，T 为试验试件的自振周期。由于实际试验条件限制，加载时间没有小于 $T/10$[5,6]，但是两种试件的动力响应均较为显著。为了获得理想突加荷载工况下的动力响应，采用参数分析方法分析突加荷载时间的影响。图 3.27 为突加荷载时间 0s 时中心节点位移时程曲线。当突加荷载时间为 0s 时，与试验结果相比，稳定失效试件和强度失效试件的最大竖向位移分别增大了 69.9% 和 8.9%。

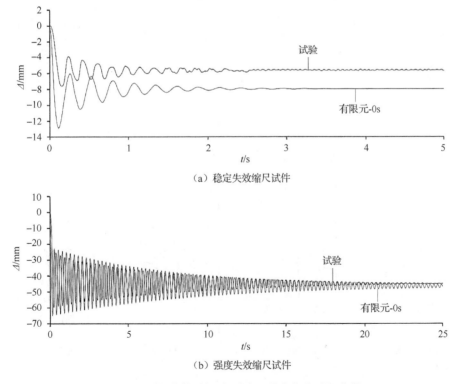

（a）稳定失效缩尺试件

（b）强度失效缩尺试件

图 3.27　突加荷载时间 0s 时中心节点位移时程曲线

3.4　重要区域确定

3.4.1　有限元模型

参考文献[7]的参数，基于上述验证的有限元动力分析方法，图 3.28 为 8 种不同网格形式的单层球面网壳有限元模型。跨度和矢高分别为 40m 和 8m，矢跨比均为 1/5。周边节点采用铰接支座，不限制绕三个方向的自由转动。肋杆和环杆采用截面为 121mm×3.5mm 的圆钢管，斜杆截面尺寸为 114mm×3.0mm。荷载及材料属性参数设置等详细建模过程与图 2.1 所示模型相同。

表 3.4 为单层球面网壳结构模型信息。为了全面分析网壳结构的抗倒塌能力，逐个拆除不同位置的杆件进行动力分析，拆除杆件类型数如表 3.4 所示，拆除杆件编号如图 3.28 所示。拆除杆件分析过程与图 2.1 所示网壳模型相同，拆除杆件后的动力分析过程采用显式求解器 ABAQUS/Explicit 完成，已在 3.3 节通过突加荷载动力试验进行了验证。

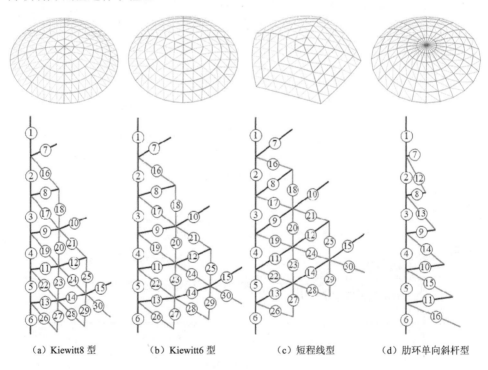

(a) Kiewitt8 型　　　　(b) Kiewitt6 型　　　　(c) 短程线型　　　　(d) 肋环单向斜杆型

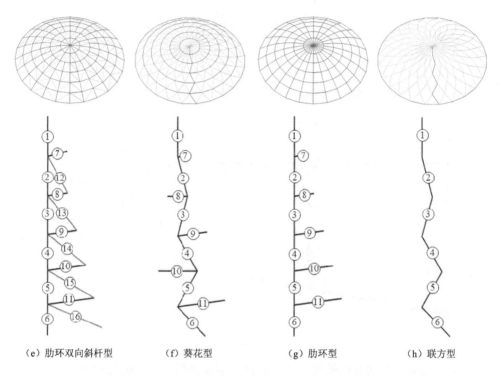

（e）肋环双向斜杆型　　　　（f）葵花型　　　　（g）肋环型　　　　（h）联方型

图 3.28　8 种不同网格形式的单层球面网壳有限元模型

表 3.4　单层球面网壳结构模型信息

网壳编号	网格形式	用钢量/ kg	荷载/（N/m²）	杆件类型数
1	Kiewitt8 型	14.37	1560.25	30
2	Kiewitt6 型	12.33	1544.20	30
3	短程线型	12.06	1493.14	30
4	肋环单向斜杆型	14.97	1573.65	16
5	肋环双向斜杆型	14.06	1563.02	16
6	葵花型	13.41	1558.44	11
7	肋环型	10.07	1513.05	11
8	联方型	10.02	1483.54	6

　　除突加荷载动力试验验证外，上述拆除杆件动力分析还可采用图 3.29 所示简化模型进行弹性阶段的理论验证。释放简化模型中心节点的竖向约束后，在集中荷载的重力作用下，会发生上下往复运动。由于阻尼作用，上下振动不断衰减直至达到静止状态。不考虑材料塑性发展情况，在小变形假设情况下，上述过程的理论计算结果如式（3.10）所示。

$$\Delta(t) = \mathrm{e}^{-\xi\omega t}[\cos\omega_\mathrm{r}t + \frac{\xi\omega}{\omega_\mathrm{r}}\sin\omega_\mathrm{r}t]\Delta_\mathrm{o} \qquad（3.10）$$

$$\omega_\mathrm{r} = \omega\sqrt{1-\xi^2} \qquad（3.11）$$

式中，Δ_o 为节点的起始位移；ω_r 为考虑阻尼后的圆频率。

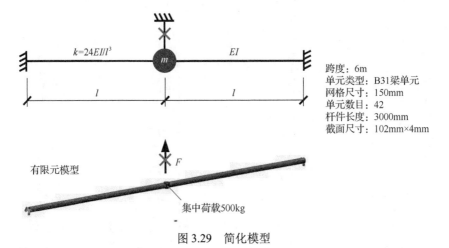

跨度：6m
单元类型：B31梁单元
网格尺寸：150mm
单元数目：42
杆件长度：3000mm
截面尺寸：102mm×4mm

图 3.29　简化模型

将具体参数代入简化模型，建立相应有限元模型，进行弹性动力分析。首先在中心节点施加向上的牵引力，而后瞬间释放，模拟竖向拉杆失效。中心节点的集中荷载通过额外设置长度较短的梁单元实现，放大其密度获得不同集中荷载值，阻尼比设为 0.03。图 3.30 显示理论计算值与有限元计算结果完全吻合，说明在弹性阶段的拆除杆件动力分析准确可靠。

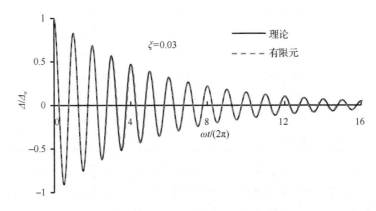

图 3.30　竖向位移计算结果对比

3.4.2　拆除单根杆件动力分析

拆除杆件前单层球面网壳的初始状态如图 3.31 所示。由于网格形式不同，网壳结构的传力机制差异较大。Kiewitt8 型、Kiewitt6 型和短程线型球面网壳结构的应力分布较为均匀。对比两种肋环斜杆型球面网壳发现，二者应力分布的差别主要来源于斜杆布置方式不同。联方型球面网壳在施加 20%荷载工况下最大应力超过屈服应力 235MPa，结构无法继续承受荷载。增加环杆后的葵花型球面网壳冗余度显著增大，初始状态的最大应力小于 100MPa。肋环型球面网壳的杆件相对较少，对拆除杆件较为敏感，单根杆件拆除后结构随即发生整体倒塌破坏。因此，后续拆除杆件分析仅对前 6 个网壳进行。

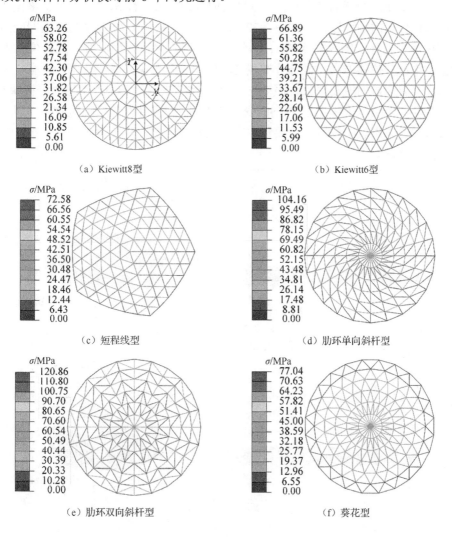

（a）Kiewitt8型　　　　　　　　（b）Kiewitt6型

（c）短程线型　　　　　　　　（d）肋环单向斜杆型

（e）肋环双向斜杆型　　　　　　　（f）葵花型

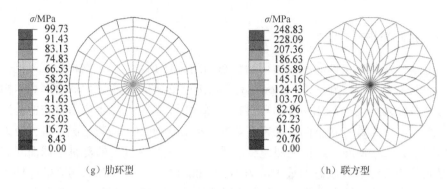

（g）肋环型　　　　　　　　　　　　　　（h）联方型

图 3.31　拆除杆件前单层球面网壳的初始状态

以 Kiewitt8 型球面网壳为例，分别选取内力较大杆件 3、8、20 分析整体结构在拆除杆件后的动力过程，如图 3.32 所示，杆件 3、8、20 分别为球面网壳的肋杆、环杆、斜杆。图 3.32 给出 121 个网壳节点的位移时程曲线，此处位移为绝对值，不区分位移方向。大部分节点位移较小，几乎保持静止状态，只有一小部分节点具有明显的振动现象。振动在 5s 后基本消失，达到最终的静力平衡状态。图 3.32 同时给出了最大位移时刻的变形分布图，在杆件失效后很短时间内即达到了最大位移状态。结构变形主要集中在失效构件位置，其余位置变形较小，几乎处于静止状态。

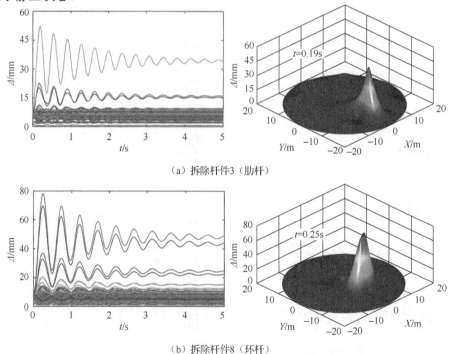

（a）拆除杆件3（肋杆）

（b）拆除杆件8（环杆）

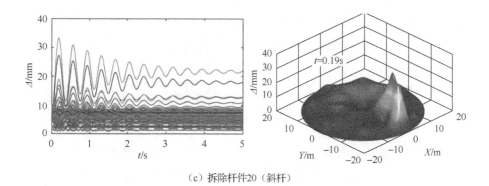

（c）拆除杆件20（斜杆）

图 3.32　Kiewitt8 型球面网壳拆除典型杆件后的动力过程

　　在拆除单根杆件工况下，可选取每个时刻位移的最大值，绘制最大位移时程曲线。图 3.33 为 6 种球面网壳中 133 根不同位置杆件依次失效工况下的最大位移时程曲线，每条曲线对应一种单根杆件拆除工况。例如，图 3.33（a）共有 30 条时程曲线，代表 Kiewitt8 型球面网壳的 30 根不同位置杆件依次失效工况下的最大位移时程曲线。Kiewitt6 型、肋环双向斜杆型球面网壳的动力响应较为显著，最大位移均超过了 200mm。由于塑性发展，失效构件位置刚度下降较多，发生大变形的节点无法恢复至初始位置。大多数节点仍能反弹较大位移，接近初始位置，这是因为失效构件位置的结构仍处于弹性状态。此外，部分曲线的位移最大值小于 20mm，说明部分单根杆件失效工况对整体结构的性能影响较小。

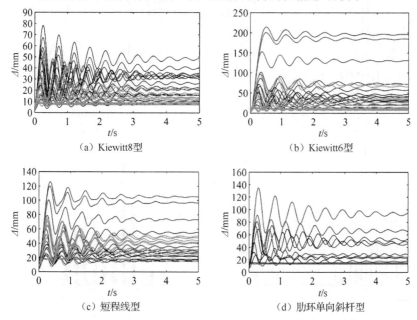

（a）Kiewitt8型　　　　　　　　　　（b）Kiewitt6型

（c）短程线型　　　　　　　　　　（d）肋环单向斜杆型

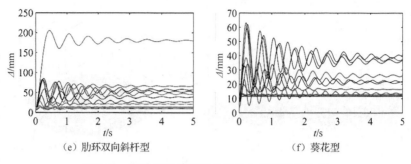

（e）肋环双向斜杆型　　　　　　　　　　（f）葵花型

图 3.33　依次拆除单根杆件的最大位移时程曲线

3.4.3　重要区域

由图 3.33 可以得到各杆件失效工况下整体结构的最大位移值，绘制如图 3.34所示的柱状图。短程线型球面网壳的位移响应明显小于 Kiewitt6 型。Kiewitt8 型球面网壳的杆件相对较多，因此位移响应也小于 Kiewitt6 型。葵花型球面网壳的位移响应相对较小，说明该网格分布形式有助于抵抗连续倒塌。最大动能可以反映整体结构的动力响应水平，故图中同时给出了拆除各杆件后的最大动能，其变化规律与最大位移基本一致。由最大位移及最大动能，可以综合判断各杆件的重要性。

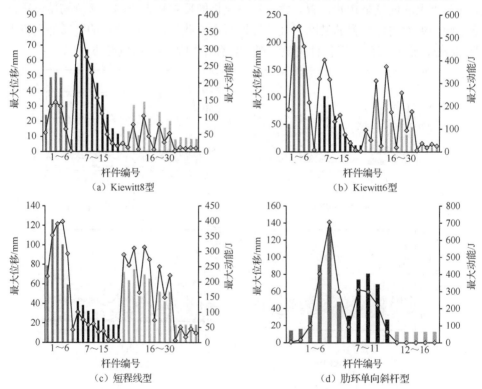

（a）Kiewitt8型　　　　　　　　　　　（b）Kiewitt6型

（c）短程线型　　　　　　　　　　　（d）肋环单向斜杆型

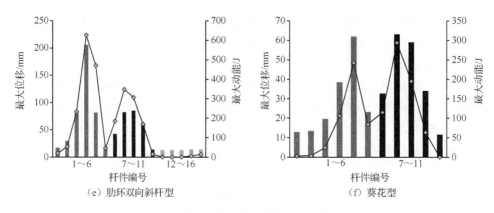

图 3.34　依次拆除单根杆件的最大位移及最大动能对比

分析图 3.34 发现，尽管网格形式不同，球面网壳的重要构件基本分布在网壳的三、四环位置，即位于顶点与支座的中间位置区域。球面网壳三、四环区域杆件失效会严重破坏单层球面网壳的对称性，形成不对称荷载工况，对网壳受力极为不利。破坏顶点附近区域内的杆件后，结构受力仍具有一定的对称性，受杆件失效影响较小。支座位置杆件失效对整体结构的影响最小，这是因为单层球面网壳底部杆件众多，有较多的荷载传力路径。综上所述，顶点与支座的中间位置区域可定义为单层球面网壳的重要区域，后续将重点分析该区域失效的结构动力响应。

3.5　本 章 小 结

本章进行了两种缩尺试件子结构的突加荷载动力试验，采用有限元分析方法模拟缩尺试件的整个动力试验过程。在此基础上，对 8 个不同类型单层球面网壳进行拆除杆件动力分析，明确单层球面网壳的重要区域位置。主要结论如下：

（1）在等效突加荷载作用下，稳定失效试件节点位移较小，整个动力过程中试验现象不明显。由于强度失效试件受力模式不同，振动幅度和振动时间均大于稳定失效试件，加载完毕后中心节点竖向残余变形为 13mm。

（2）稳定失效试件和强度失效试件能够反映单层球面网壳结构的力学特性，同时等效于单自由度体系便于受力分析。该动力试验可为抗连续倒塌动力分析提供基础试验数据。

（3）稳定失效试件的突加荷载时程曲线与压杆机制的抗力时程曲线基本吻合。

（4）强度失效试件的抗力由梁机制和悬链线机制共同承担，在突加荷载工况下，悬链线机制提供的抗力处于主导地位，约为梁机制的两倍。两种机制的抗力之和与强度失效试件的突加荷载时程曲线近似相等。梁机制的时程曲线往复振动具有对称性，而悬链线机制不具有对称性，不对称的往复振动主要由几何及材料非线性引起。

（5）大跨度空间网格结构的动力性能受突加荷载持续时间的影响显著。当持续时间为 0s 时，稳定失效试件和强度失效试件的最大位移分别比试验结果增加了69.9%和8.9%。

（6）单层球面网壳的重要构件基本分布在顶点与支座的中间位置区域。

参 考 文 献

[1] TIAN L M, WEI J P, HUANG Q X, et al. Collapse-resistant performance of long-span single-layer spatial grid structures subjected to equivalent sudden joint loads[J]. Journal of Structural Engineering, 2021, 147(1): 04020309.

[2] TIAN L M, WEI J P, BAI R, et al. Dynamic behaviour of progressive collapse of long-span single-layer spatial grid structures[J]. Journal of Performance of Constructed Facilities, 2021, 35(2): 04021002.

[3] LIU C, FUNG T C, TAN K H. Dynamic performance of flush end-plate beam-column connections and design applications in progressive collapse[J]. Journal of Structural Engineering, 2016, 142(1): 04015074.

[4] LIU C, TAN K H, FUNG T C. Investigations of nonlinear dynamic performance of top-and-seat with web angle connections subjected to sudden column removal[J]. Engineering Structures, 2015, 99: 449-461.

[5] General Services Administration. Alternate path analysis & design guidelines for progressive collapse resistance[S]. Washington D. C. : General Services Administration, 2013.

[6] Department of Defense. Design of buildings to resist progressive collapse: UFC 4-023-03[S]. Washington D. C. : Department of Defense, 2013.

[7] YAN J C, QIN F, CAO Z G, et al. Mechanism of coupled instability of single-layer reticulated domes[J]. Engineering Structures, 2016, 114(1): 158-170.

第4章 局部破坏下结构的抗连续倒塌性能

与框架、板柱或承重墙结构相比,因受场地大小和测量条件限制,大跨度空间钢结构体系的连续倒塌试验相对较少。为深入了解局部破坏下大跨度空间网格结构的抗倒塌机制、动力响应及倒塌模式,本章考虑网格形式、局部刚度变化、矢跨比、不均匀荷载及杆件失效顺序等多个因素,对空间球面网壳缩尺模型进行连续倒塌动力试验。

4.1 试验方案

4.1.1 试件设计

选取具有代表性的 Kiewitt6 型网壳作为基础模型,补充三向网格型与 Kiewitt6 型局部双层网壳,研究不同网格形式、局部刚度变化、矢跨比、不均匀荷载及杆件失效顺序等多个因素对结构抗连续倒塌性能的影响[1-7]。由于试验条件的限制,参考 JGJ 7—2010《空间网格结构技术规程》[8]中要求,按照 1∶16 的比例进行缩尺设计,缩尺试件模型如图 4.1 所示。

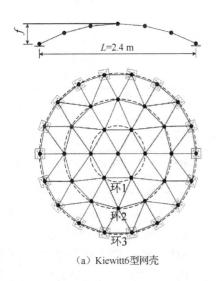

(a) Kiewitt6型网壳

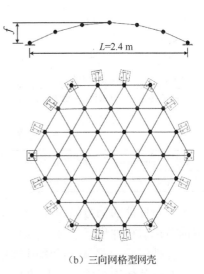

(b) 三向网格型网壳

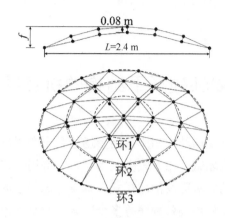

（c）Kiewitt6型局部双层网壳

图 4.1　缩尺试件模型

　　各试件模型的设计参数如表 4.1 所示。所有试件的跨度均为 2.4m，钢材为 Q235 钢，杆件截面为 10mm×1mm 的圆钢管，节点采用 40mm×4mm 的焊接空心球节点。为了便于施加竖向节点荷载，在节点正下方焊接一块 U 形开孔板，且通过安全扣将质量块与节点相连。圆钢管杆件的力学性能参数通过图 3.2 所示单轴拉伸试验测得，结果如表 4.2 所示。

表 4.1　试验模型的设计参数

试件编号	网格类型	矢跨比	荷载类型	杆件失效顺序
SS-K6-1	K6	1/8	均匀荷载	不同节点杆件失效
SS-K6-2	K6	1/6	均匀荷载	不同节点杆件失效
SS-K6-3	K6	1/8	不均匀荷载	不同节点杆件失效
SS-K6-4	K6	1/8	均匀荷载	相同节点杆件失效
SS-TD	TD	1/8	均匀荷载	不同节点杆件失效
SPD-K6	K6 型局部双层	1/8	均匀荷载	不同节点杆件失效

注：SS 代表单层网格试件；SPD 代表局部双层试件；K6 代表 Kiewitt6 型网壳；TD 代表三向网格型网壳。

表 4.2　圆钢管杆件的力学性能参数

截面规格 /（mm×mm）	弹性模量 E / GPa	屈服强度 f_y / MPa	抗拉强度 f_u / MPa	极限应变
10×1	203	353	538	0.181

　　节点与杆件的编号如图 4.2 所示。网壳自上而下划分为 3 个环区，对每个环区内的节点与杆件进行编号。其中，每个节点或者边缘支座节点按照顺时针方向标记；杆件编号根据节点的编号进行命名，如 M1-2 表示节点 J1 与 J2 之间的杆件，其余杆件依次类推。如图 4.2（b）和（c）所示，TD 型网壳和 K6 型局部双

层网壳的命名方式与图 4.2（a）所示 K6 型网壳相同，K6 型局部双层网壳结构中的 J1'表示 J1 下方的节点。

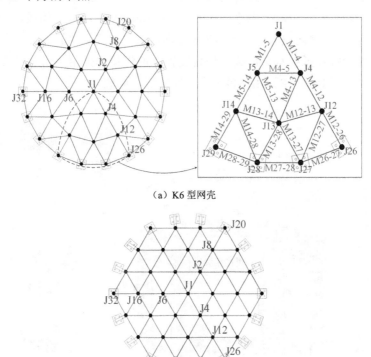

（a）K6 型网壳

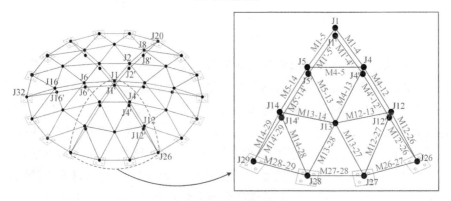

（b）TD 型网壳

（c）K6 型局部双层网壳

图 4.2　节点与杆件的编号

4.1.2　试验装置

图 4.3 为试验加载装置。该装置由 Q235 材质的 H 型钢焊接而成，长 2.6m、

宽 2.4m、高 1.8m（以保证网壳有足够的垂直变形空间）。该装置通过地脚螺栓锚固在地面上，网壳与加载装置之间采用刚性连接，以模拟实际工程中的固接边界条件。在网壳的支座节点处焊接一块-12mm×150mm×150mm 的钢板，并通过 M20 螺栓将网壳与加载装置相连。网壳的竖向荷载通过加载装置的环梁传递至地面，支座节点处的螺栓抵抗水平荷载。加载装置中的焊接均采用全熔透对接焊缝，以保证焊缝与母材等强。配重由 10kg 的配重块组合而成。

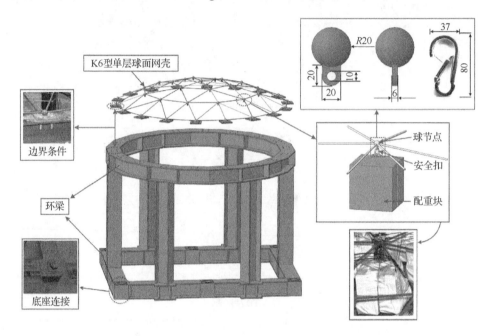

图 4.3　试验加载装置（单位：mm）

杆件的局部失效往往通过瞬间失效装置实现。传统的爆破、冲击失效方式存在以下问题：爆破杆件时产生的烟雾既不便于观察试验现象，也不利于数据的采集；冲击方式易导致输入结构的能量不可控，从而对结果产生一定影响。为避免上述缺陷并保证杆件顺利实现瞬时失效，设计了一种能使单根杆件瞬时失效的电子装置，如图 4.4 所示。该装置由三部分组成：①开有凹槽的开槽圆柱塞头；②剪刀夹，夹头处有 2 个与塞头凹槽处对应的螺栓；③电磁铁，通过环形螺栓固定在夹子尾部一侧铁板上，通电时电磁铁产生磁力吸紧夹子尾部另一侧铁板。

使单根杆件瞬间失效的电子装置工作原理：首先，将待失效构件从靠近杆件下部节点处截断，破坏结构的传力路径；其次，将定制的开槽圆柱塞头固定在杆件两端断开处；最后，用瞬时失效装置将断开后的待失效构件连接，并旋紧瞬时失效装置上的螺栓，利用螺栓和塞头间产生的机械咬合力使初始破断杆件和瞬时失效装置形成一个整体，从而实现破断杆件的正常工作。断电可使夹子依靠自身变形产生的弹力快速张开，使该失效装置从模型上快速脱离。

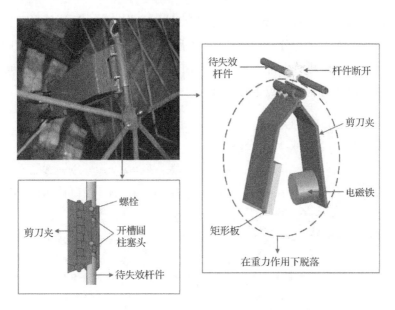

图 4.4 使单根杆件瞬间失效的电子装置

相比传统瞬时失效装置，该装置有以下优点：①仅使用一个电磁铁提供吸力，质量较轻，减小了装置对结构的影响；②依靠自身弹力使夹子快速张开；③利用重力作用使夹子快速从待失效杆件处脱落。在四次释放失效装置过程中，失效杆件的内力在电磁铁断电瞬间近似线性减小，失效装置完全释放时间为 0.1s 左右，如图 4.5 所示（T 和 B 分别表示杆件的顶面与底面）。

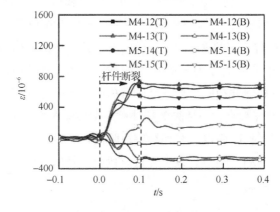

图 4.5 试件 SS-K6-1 瞬间失效装置的释放时间

4.1.3　加载方案

将屋面荷载（约 1.65kN/m²）转换为节点等效荷载（40kg）施加在网壳上，均匀荷载分布与不均匀荷载分布情况如图 4.6 所示。节点荷载的挂载按照由内向外、先径向后其他的原则进行，即首先对结构顶点位置进行挂载，其次对径向节点进行对称挂载，最后对剩余节点进行挂载。

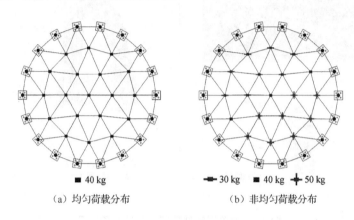

　　■ 40 kg　　　　　　　　　　　　■▬ 30 kg　　■ 40 kg　┿ 50 kg
（a）均匀荷载分布　　　　　　　　　　　（b）非均匀荷载分布

图 4.6　荷载分布情况

依据文献[9]的方法确定初始失效杆件。通过第 3 章分析可知，网壳中间环区域被判定为重要杆件分布区域。此外，网壳以径向杆件为界可划分为 6 个对称区域，每个区域内的径向与其相邻杆件为该区域的主要传力路径。因此，首先随机选取环 2 区域的某根径向杆件 M4-12，并使其失效，随后拆除 M4-12 相邻的斜杆件 M4-13，使该条加载路径彻底中断，继而主要荷载路径依次顺时针破坏，直至整个结构倒塌。特别说明的是，SS-K6-4 网壳在杆件 M4-13 失效后继续绕失效节点 J4 顺时针拆除杆件；SPD-K6 网壳的径向上下弦杆件同时失效。

网壳的连续倒塌试验分为静力加载阶段与连续倒塌阶段。在静力加载阶段，将待失效杆件切断并在断口处安装瞬间失效装置，始终保持电磁铁通电状态（图 4.7）。此时剪刀夹被夹住，待失效杆件可正常传递内力。荷载悬挂完毕后，静置一段时间，使网壳响应稳定。在连续倒塌阶段，依次对瞬时失效装置断电，考察网壳在每个阶段的动力响应。以上释放阶段每次持时 60s，直至网壳重新获得稳定或者发生连续倒塌。

图 4.7　静力加载阶段

4.1.4　数据测点的布置

　　杆件失效可能导致结构产生高频振动、节点大位移及整体严重变形等情况。因此，在网壳的重要位置布置一定数量的位移计与应变片，以测量局部破坏下网壳的动态响应。数据采集时，采用智能信号采集处理分析仪测量连续倒塌过程中结构的动态应变、动态位移与高频振动。其中，采用采样频率为 1024Hz 的 Coinv daspv11 动静态信号测试分析系统采集各位置杆件的应变响应；采用拉线式位移计采集节点处的动态位移。

　　位移计与应变片布置位置如图 4.8 所示。TD 网壳模型的测点布置与图 4.8（a）相同。由于网壳平面内刚度大于平面外刚度，杆件易发生平面外破坏，限于数据采集装置信号通道数目，仅在杆件跨中部位的上下表面布置应变片，具体位置包括：①所有待失效杆件跨中位置沿长度方向上下粘贴 2 个应变片，以考察杆件拆除时瞬时失效装置脱落的时间；②环 2 上所有径向杆件的跨中位置沿长度方向粘贴 2 个应变片，以考察径向杆件力流的变化情况；③失效构件相邻杆件的跨中位置沿长度方向上下粘贴 2 个应变片，以考察杆件拆除后内力重分配的情况。

　　通过铝合金支架将拉线式位移计布置在网壳顶点及环 1、2 内沿径向杆件的节点上方。为保证拉线式位移计在垂直方向，固定位移计位置时利用水平仪进行辅助安装。每个网壳合计安装 13 个拉线式位移计。

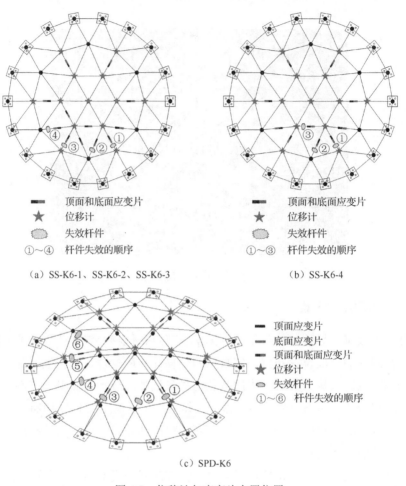

（a）SS-K6-1、SS-K6-2、SS-K6-3　　　　　（b）SS-K6-4

（c）SPD-K6

图 4.8　位移计与应变片布置位置

4.2　试验现象及分析

4.2.1　试件 SS-K6-1

在静力加载阶段，网壳无明显现象。在连续倒塌阶段，当瞬时拆除杆件 M4-12 后，整体结构基本无变化；当杆件 M4-13 被瞬时拆除后，杆件 M4-13 临近节点出现了明显的上下振动并下沉，其他节点与整体结构无明显现象；当杆件 M5-14 被瞬时拆除后，节点 J5、J14 出现明显的上下振动，且带动节点 J4 一起振动，整体结构此时依然无明显现象；当杆件 M5-15 被瞬时拆除后，环 1 区域节点 J4、J5 首先开始向下运动[图 4.9（a）]，并带动其附近节点 J1、J3、J6 产生向下的位移，在此期间杆件 M1-3 发生失稳[图 4.9（b）]，随后环 1 区域内的其他节点均发生下移运动，导致网壳结构的局部塌陷，局部破坏范围继续向四周传递，结构局部内力重分布失效，导致环 2 区域发生点失稳并扩展至整个结构，最终使整个网壳发生连续倒塌并完全翻转。此时，环 3 区域内部分径向杆件和斜向杆件在靠近支座处发生颈缩与开裂现象[图 4.9（e）]。

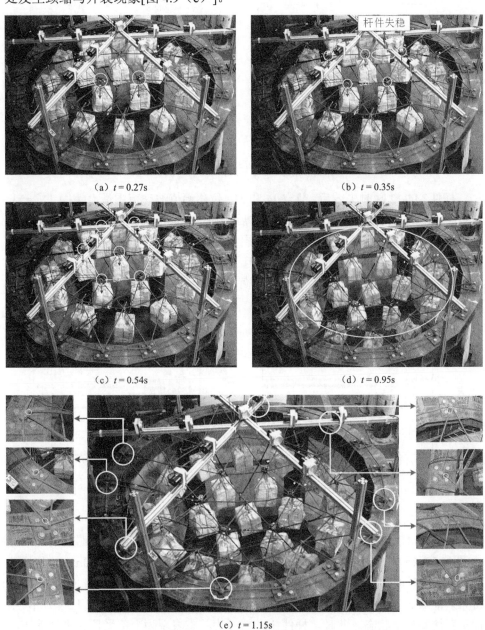

（a）$t = 0.27$s　　　　　　　　　　　　　（b）$t = 0.35$s

（c）$t = 0.54$s　　　　　　　　　　　　　（d）$t = 0.95$s

（e）$t = 1.15$s

图 4.9　试件 SS-K6-1 连续倒塌过程

在静力加载阶段，结构主要的节点位移与杆件应变时程曲线如图 4.10 所示。此时，整体结构的位移与应变响应处于较低水平。

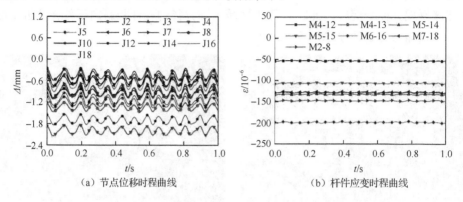

（a）节点位移时程曲线　　　　　　　　　（b）杆件应变时程曲线

图 4.10　静力加载阶段结构节点位移和杆件应变时程曲线

杆件 M4-12 瞬时失效后，节点 J4 和 J12 位移幅值波动范围最大[图 4.11（a）]，节点 J4 最大位移累计约为 3.7mm，稳定后约为 2.6mm；节点 J12 最大动态位移累计约为 2.1mm，稳定后约为 1.0mm。如图 4.11（b）所示，结构局部传力路径破坏后，临近杆件 M4-11 和 M4-13 迅速分担了失效前杆件 M4-12 的力流，完成了结构局部应力的调整，使结构迅速恢复平衡。剩余结构各径向杆件受力较小，此时结构处于弹性工作阶段。

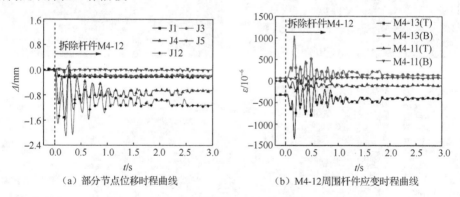

（a）部分节点位移时程曲线　　　　　　　（b）M4-12周围杆件应变时程曲线

图 4.11　拆除杆件 M4-12 后的结构响应

杆件 M4-13 瞬时失效后，节点 J4 由于突然失去支撑，出现了明显的上下振动[图 4.12（a）]，最大动态位移累计约为 13.0mm，稳定后约为 8.0mm。与杆件 M4-12 失效时的响应相似，杆件 M4-13 瞬时失效后，结构快速完成局部内力重分布，将失效前通过 M4-13 的力主要分配给了相近杆件 M4-5、M4-11[图 4.12（b）]，结构重新达到稳定状态。此时，杆件 M4-5 受力状态表现为上部受拉、下部受压，说明杆件受到一个向下的弯矩作用，但是结构尚未进入塑性状态。

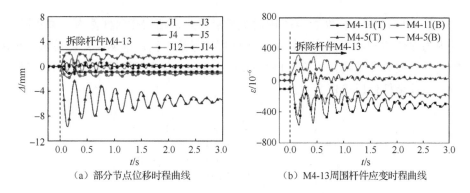

（a）部分节点位移时程曲线　　　　（b）M4-13周围杆件应变时程曲线

图 4.12　拆除杆件 M4-13 后的结构响应

出于对仪器的保护，在杆件 M5-14 被拆除之后撤离位移计。杆件 M5-14 瞬时失效后，失效杆件临近节点 J4、J5、J14 受影响较大，出现明显振动[图 4.13（a）]。其中 J14 表现最为明显，动态位移峰值约为 4.5mm，最大动态位移累计约为 5.3mm，稳定后约为 3.5mm。杆件 M5-14 瞬时失效后，结构局部内力再次进行重分配，由杆件 M5-13 和 M5-15 承担失效前 M5-14 的内力[图 4.13（b）]，使结构快速恢复平衡状态。由图 4.13（c）可知，此时结构受力机制表现为压杆机制，各杆件可合理分配因局部杆件破坏而增加的内力，使结构各杆件内力均维持在较低的水平。

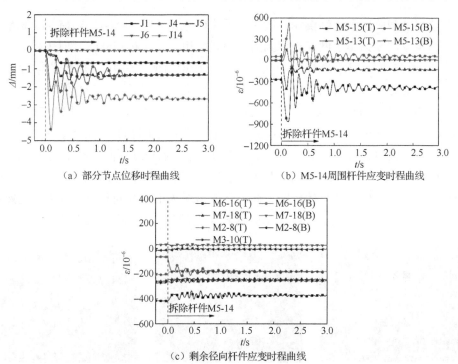

（a）部分节点位移时程曲线　　　　（b）M5-14周围杆件应变时程曲线

（c）剩余径向杆件应变时程曲线

图 4.13　拆除杆件 M5-14 后的结构响应

　　由图 4.14 可知，杆件 M5-15 瞬时失效后，剩余结构径向杆件内力突然增大，杆件内力很快达到屈服强度或发生失稳破坏，导致结构局部塌陷；随着塌陷范围不断向外扩展致使结构发生连续倒塌。杆件 M6-16 在连续倒塌过程中由压杆转变为拉杆，其余杆件以受弯为主。

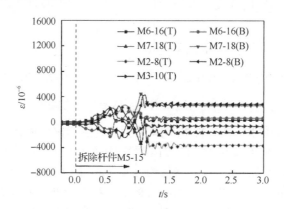

图 4.14　拆除杆件 M5-15 后的结构响应

4.2.2　试件 SS-K6-2

　　静力加载阶段及连续倒塌阶段中，拆除杆件 M4-12、M4-13 与 M5-14 观察到的试验现象与 SS-K6-1 网壳观察到的试验现象相似。杆件 M5-15 瞬时失效后，在节点 J4 和 J5 向下产生约 60.0mm 的位移时，结构出现了约 1s 的短暂平衡[图 4.15（a）]。t=1.60s 时，节点 J4 向下产生位移并带动节点 J5 缓慢下落[图 4.15（b）]。t=3.00s 时，局部拱 J5-J4-J11 变形逐渐增大，杆件 M1-3 发生失稳并向下弯曲[图 4.15（c）]。t=3.20s 时，节点 J1、J3、J6 开始产生向下位移[图 4.15（d）]。t=3.80s 时，环 1 区域的其余节点下落，环 2 区域的部分节点也逐渐向下产生位移[图 4.15（e）]。t=4.20s 时，环 2 区域的其余节点向下运动[图 4.15（f）]。t=4.70s 时，网壳结构发生完全倒塌并整体翻转。此时环 3 区域内部分径向和斜向杆件在支座端产生开裂[图 4.15（g）]。从杆件 M5-15 瞬时失效到结构完全倒塌共用时为 4.70s。

（a）t = 0.60s　　　　　　（b）t = 1.60s　　　　　　（c）t = 3.00s

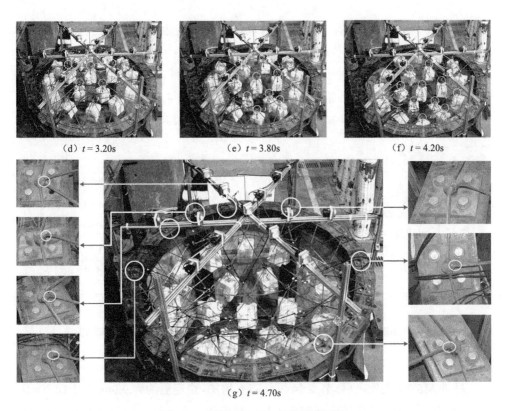

（d）$t=3.20$s　　　　（e）$t=3.80$s　　　　（f）$t=4.20$s

（g）$t=4.70$s

图 4.15　试件 SS-K6-2 连续倒塌过程

　　静力加载阶段时，试件 SS-K6-2 整体结构的位移与应变响应均处于较低的水平。

　　在杆件 M4-12 失效之后，结构局部传力路径遭到破坏，邻近杆件 M4-13 和 M4-11 内力迅速增大，随后逐渐形成了新的稳定状态，即结构完成了局部内力的重新分布（图 4.16）。此时最大杆件应力为 179MPa，整体结构处于弹性工作状态。由杆件 M7-18 的应变响应可知，杆件 M4-12 的失效对较远区域结构的影响较小。

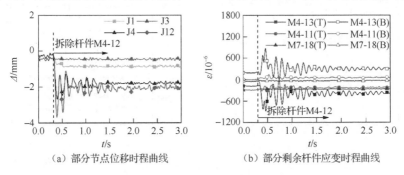

（a）部分节点位移时程曲线　　　　（b）部分剩余杆件应变时程曲线

图 4.16　拆除杆件 M4-12 后的结构响应

　　M4-13 杆件失效之后，节点 J4 竖向位移最大值达到 12.0mm，稳定后约为 8.0mm，其余各节点竖向位移较小[图 4.17（a）]。由 M4-13 周围杆件的应变响应可知，杆件 M4-13 瞬时失效后，结构迅速进入局部内力重分布状态，导致杆件 M4-5 和 M5-13 内力迅速增大并逐渐保持稳定[图 4.17（b）]。此时，节点 J4 荷载主要由杆件 M4-5 和 M4-11 组成的局部拱（J5-J4-J11）承担并向剩余结构传递。

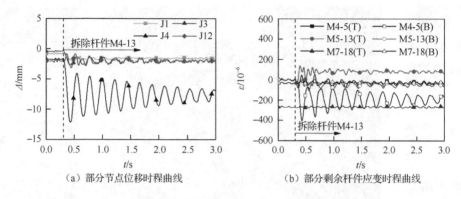

（a）部分节点位移时程曲线　　　　　　（b）部分剩余杆件应变时程曲线

图 4.17　拆除杆件 M4-13 后的结构响应

　　杆件 M5-14 失效之后，节点 J4 位移略有增加，稳定后约为 9.0mm[图 4.18（a）]。由杆件 M5-14 周围杆件的应变响应可知，杆件失效后，结构局部内力再次进行重新分配，导致其相邻杆件内力突然增大[图 4.18（b）]。杆件 M5-15 响应最大，表现为上部受压下部受拉的受弯状态。杆件 M5-13 和 M5-6 内力增大后均保持稳定。杆件 M5-14 失效前所承担的内力由邻近局部拱 J6-J5-J13 和 J15-J5-J4 承担。由图 4.18（c）可知，此时结构各剩余径向肋杆以受压为主，且内力略有增大，表明结构受力机制主要为压杆机制。

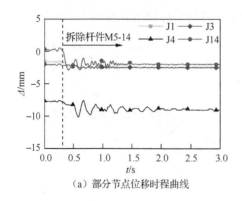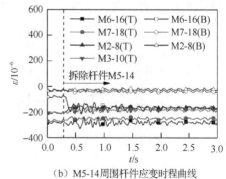

（a）部分节点位移时程曲线　　　　　　（b）M5-14 周围杆件应变时程曲线

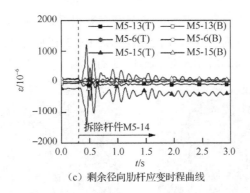

（c）剩余径向肋杆应变时程曲线

图 4.18　拆除杆件 M5-14 后的结构响应

由杆件 M5-15 周围部分杆件的应变响应可知，杆件瞬时失效后，失效杆件所承担的内力迅速传向杆件 M5-13 和 M5-6，并导致上述两根杆件应力状态突然改变，即局部拱 J6-J5-J13 发生失稳，随后结构进入短暂的应力平衡状态[图 4.19（a）]。但此时局部拱 J5-J4-J11 传力路径失效无法继续承担节点 J4 荷载，导致杆件 M4-5 内力首先缓慢变化，随后逐渐增大并达到应变极限。继而局部拱 J5-J4-J11 出现塌陷并向周围扩展，导致剩余结构内力逐渐增大[图 4.19（b）]，杆件发生破坏，塑性变形充分发展，最终导致结构发生连续倒塌。

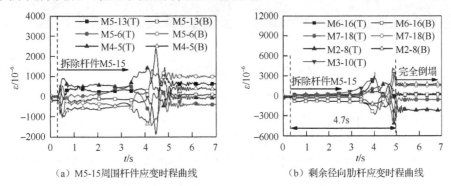

（a）M5-15 周围杆件应变时程曲线　　　　　　　（b）剩余径向肋杆应变时程曲线

图 4.19　拆除杆件 M5-15 后的结构响应

4.2.3　试件 SS-K6-3

网壳在静载试验中无明显变化。瞬时拆除 M4-12 后，失效构件附近发生轻微振动，内力重分布后结构继续保持稳定。值得注意的是，拆除杆件 M4-13 后，节点 J4 的振幅明显，但是网壳结构很快又恢复了平衡。同时，其余节点均保持静止，最终节点 J4 出现向下位移。M5-14 完全失效后，节点 J5 立即开始向下移动，J4 也随之向下移动。随后杆件 M1-3 发生屈曲，导致环 1 区域局部塌陷。最后，屈曲区域持续扩展，直至被测网壳整体倒塌（图 4.20）。此时，环 2 至环 3 之间的部分杆件边缘支座端部出现严重开裂,表明网壳受损严重。从杆件 M5-14 瞬时失效到结构完全倒塌共用时为 1.10s。由于试件 SS-K6-3 在杆件 M5-14 失效之后,结构发生了连续倒塌,因此后续未对 M5-15 进行拆除。

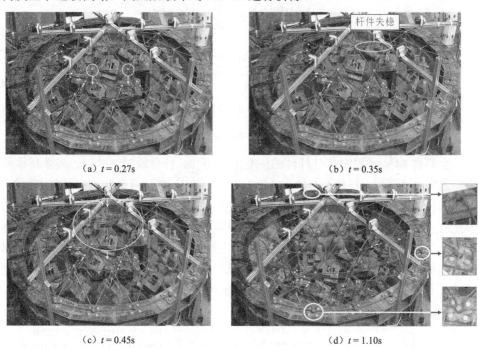

（a）$t = 0.27$s　　　　　　　　　（b）$t = 0.35$s

（c）$t = 0.45$s　　　　　　　　　（d）$t = 1.10$s

图 4.20　试件 SS-K6-3 连续倒塌过程

在进行破坏试验前,网壳中杆件的压力起主导作用,节点的竖向位移极小,网壳结构的动力响应几乎可以忽略不计。

图 4.21 为拆除杆件 M4-12 后的结构响应,包括节点竖向位移和杆件应变。与其他节点相比,失效构件两端节点的竖向位移更为明显。节点 J4 和 J12 的最大垂

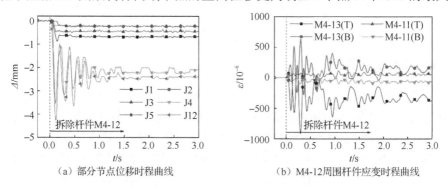

（a）部分节点位移时程曲线　　　　　（b）M4-12周围杆件应变时程曲线

图 4.21　拆除杆件 M4-12 后的结构响应

直位移分别约为 3.5mm 和 4.5mm。另外，由于传力路径的破坏，杆件 M4-13 的内力突然增大。然而，在拆除杆件 M4-12 后，所有杆件中部的最大应力均未超过屈服应力，因此网壳此时处于弹性状态。

图 4.22 为拆除杆件 M4-13 后结构的应变响应。由于杆件 M4-13 的瞬时失效，与破坏节点连接的杆件产生弯矩，各径向杆件主要承受压力。结果表明，连接失效节点的杆件和其他杆件分别依靠梁机制和压杆机制来抵抗连续倒塌。

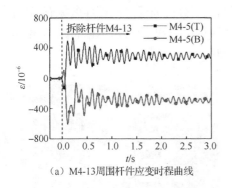
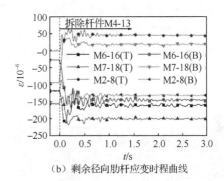

(a) M4-13 周围杆件应变时程曲线　　　　　(b) 剩余径向肋杆应变时程曲线

图 4.22　拆除杆件 M4-13 后结构的应变响应

为保护仪器，在杆件 M4-13 拆除之后进行仪器的撤离。图 4.23 为拆除杆件 M5-14 后剩余径向杆件的应变。此时，由于主要的传力路径遭到破坏，结构的内力重分布机制失效。杆件 M5-14 的瞬时拆除导致剩余径向构件的内力迅速增加，并且杆件内力由原来的压力变为拉力，其中一些杆件达到屈服应力或弯曲，导致试验网壳整体的快速倒塌。

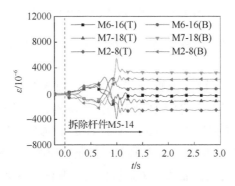

图 4.23　拆除杆件 M5-14 后剩余径向杆件的应变

4.2.4　试件 SS-K6-4

在静力加载阶段和杆件 M4-12 失效后，整体网壳均无明显变形现象。随后，杆件 M4-13 的失效对整体网壳结构影响较大，节点 J4 发生上下振动，持续时间较长，稳定后位置略低于初始状态，节点 J1、J3 出现轻微向下运动趋势，同时杆件 M4-11 有明显向下弯曲，杆件 M11-24 出现 S 形弯曲[图 4.24（a）]。杆件 M4-5 失效后，节点 J4 首先迅速下落，随后引起节点 J5 剧烈振动，节点 J1、J3 受到来自杆件 M1-4 和 M3-4 的拉力也伴随明显下落，杆件 M3-11 出现 S 形弯曲，杆件 M3-9 和 M3-10 均出现不同程度向下弯曲变形，最终节点 J4 周围区域局部倒塌向下凹陷，杆件 M1-4、M3-4、M4-11 两端发生部分挠曲变形，破坏区域有向周围扩展的趋势。整个试验过程中，网壳结构破坏区域远端均未出现明显现象，图 4.24（b）为试件 SS-K6-4 在试验结束稳定后的最终状态。

（a）拆除杆件 M4-13 后　　　　　　　　　　（b）拆除杆件 M4-5 后最终状态

图 4.24　试件 SS-K6-4 的试验现象

试件 SS-K6-4 在静力阶段的应变与节点位移和前几个试件表现一致，网壳此阶段的整体响应较低。

杆件 M4-12 瞬时失效后，其两端节点 J4 和 J12 发生较大竖向位移，振动最为明显[图 4.25（a）]。节点 J4 所能达到最大竖向位移约为 1.5mm，最终稳定在 0.7mm 左右；节点 J12 最大位移约为 3.2mm，最终稳定时位移约为 1.4mm。除此之外，破坏节点区域周围节点 J3 和 J5 也监测到轻微竖向位移，而网壳结构顶点 J1 几乎未发生任何动态位移响应。显然，失效构件对于其附近区域影响较大，对于较远区域的影响逐渐减弱。由图 4.25（b）可知，在拆除杆件 M4-12 之后，杆件 M4-11 和杆件 M4-13 应变均发生剧烈变化，但很快趋于稳定，邻近各杆件轴向力有略微增大。分析特征杆件应变响应的变化规律可知，局部破坏发生前，各杆件以受压为主，杆件 M4-12 瞬时失效后，原来由其提供的轴向力突然消失，结构为重新达到平衡稳定状态需寻找新的传力路径，整体网壳依靠杆件 M4-11 和 M4-13 形成的局部拱结构，完成初始破坏区域的局部内力重分布，整体结构可以保持稳定。

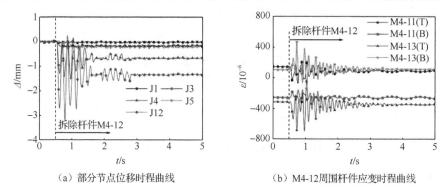

（a）部分节点位移时程曲线　　　　　　（b）M4-12周围杆件应变时程曲线

图 4.25　拆除杆件 M4-12 后的结构响应

　　杆件 M4-13 失效后，节点 J4 下沉现象明显。图 4.26（a）显示，节点 J4 的累积最大动态位移为 20.1mm，稳定时累积动态位移大约为 16.5mm。周围节点 J3、J1 均发生不同程度的下沉，而节点 J5 出现微小的上移，节点 J12 的动态位移响应很小，这是由于杆件 M4-13 瞬时失效后，由节点 J21-J9-J3-J4-J13-J28 组成的空间拱结构失去作用，传力路径再次被破坏，节点 J4 再次下落，节点 J1、J3 随之下落，但由节点 J24-J11-J4-J5-J15-J31 组成的另一条空间拱结构仍然完好，节点 J4 的下沉引起邻近节点 J5 的上移。杆件 M4-13 瞬间失效后，其对称位置杆件 M4-11 的受力状态突然改变，由轴向压力突变为弯矩作用为主[图 4.26（b）]。从杆件 M4-5 的受力情况看，杆件承受向下的弯矩作用，弯矩通过杆件传递给节点 J5，导致该节点出现竖直向上的位移。杆件 M5-14 在失效之后所受轴向压力瞬间增大。从图 4.26（c）中可看出，各径向肋杆主要处于受压状态，虽然轴向压力均有所增大，但是整体结构仍能完成结构的局部内力重分布，并且尚处于弹性工作状态。此时，破坏区域节点所连杆件依靠梁机制抵抗结构连续倒塌，其他杆件依靠压杆机制抵抗结构连续倒塌。

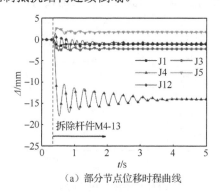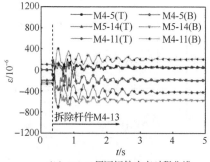

（a）部分节点位移时程曲线　　　　　　（b）M4-13周围杆件应变时程曲线

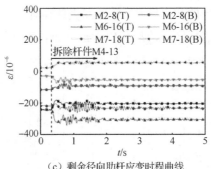

（c）剩余径向肋杆应变时程曲线

图 4.26　拆除杆件 M4-13 后的结构响应

为避免测量仪器发生损坏，在拆除杆件 M4-5 前移除所有的位移计。如图 4.27（a）所示，拆除杆件 M4-5 后，破坏区域邻近节点 J3 和 J5 的位移响应较大。节点 J5 最大动态位移振幅为 5.0mm，节点 J6 逐渐下沉，最终位移稳定在约 2.0mm。但是节点 J3 在节点 J4 的影响下立即开始向上运动，其位移振幅为 2.0～5.0mm，稳定后位移约为 4.5mm。由图 4.27（b）可见，在杆件 M4-5 失效后，由节点 J24-J11-J4-J5-J15-J31 组成的空间拱结构失去作用，节点 J4 周围的传力路径被完全破坏而失去承载能力，节点 J4 处无法完成局部内力重分布而出现局部倒塌。随着节点 J4 的快速下落，杆件 M4-11 由受弯构件迅速变为受拉构件。杆件 M4-11 在这一阶段的应力性质发生了变化，说明失效节点上所连杆件的力学特征是受到破坏条件影响的。此外，杆件 M4-5 的失效也破坏了节点 J5 周围的传力路径，其与节点 J4 处的连接被破坏，节点 J5 周围区域迅速完成内力重分配，杆件 M5-14 内力相应增加，以受弯为主，由于该部分杆件仍处于弹性阶段，故节点 J5 最终稳定位置未发生明显下移。图 4.27（c）显示，径向肋杆 M2-8、M6-16、M7-18 仍以承受轴向压力为主。

与拆除杆件 M4-13 时类似，连接到失效节点上的杆件和剩余结构其他杆件分别依靠梁机制和压杆机制来抵抗结构连续倒塌。结合各节点的动态位移及各杆件受力情况，局部破坏有向周围连续扩展的迹象，整个网壳存在明显的翻转趋势。

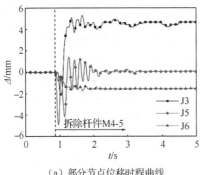 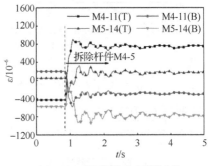

（a）部分节点位移时程曲线　　　　（b）M4-13周围杆件应变时程曲线

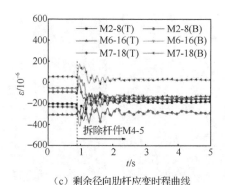

（c）剩余径向肋杆应变时程曲线

图 4.27　拆除杆件 M4-5 后的结构响应

4.2.5　试件 SS-TD-1

拆除杆件 M4-12 后，节点 J4 表现出明显的上下振动。杆件 M4-13 被拆除后，节点 J4 上下振动，并且似乎有相当大的塌陷面[图 4.28（a）]。在拆除杆件 M5-14 后，节点 J4 的下陷迅速扩散到周围的节点，导致杆件 M1-3 不稳定并且出现失稳现象，随后壳体局部出现了倒塌[图 4.28（b）]。拆除杆件 M5-15 后，失效构件附近的节点 J1、J4 和 J5 首先向下移动，然后带动节点 J6 和 J7 产生向下位移[图 4.28（c）]。此时，杆件 M2-7 发生失稳，结构出现了较大面积的局部倒塌。当局部倒塌继续发展并扩散到整个结构时，壳体最终翻转，结构发生了完全倒塌，如图 4.28（d）～（g）所示。此外，在试件 SS-TD-1 网壳结构完全倒塌后，在一些支撑边界处还观察到杆件连接的开裂。K6 单层网壳结构断裂杆件的数量超过了 TD 单层球面网壳结构。这是因为 TD 单层球面网壳结构产生了一个在整体倒塌前的大部分凹陷，从而降低了整体结构的势能。

（a）拆除杆件 M4-13 后

（b）拆除杆件 M5-14 后

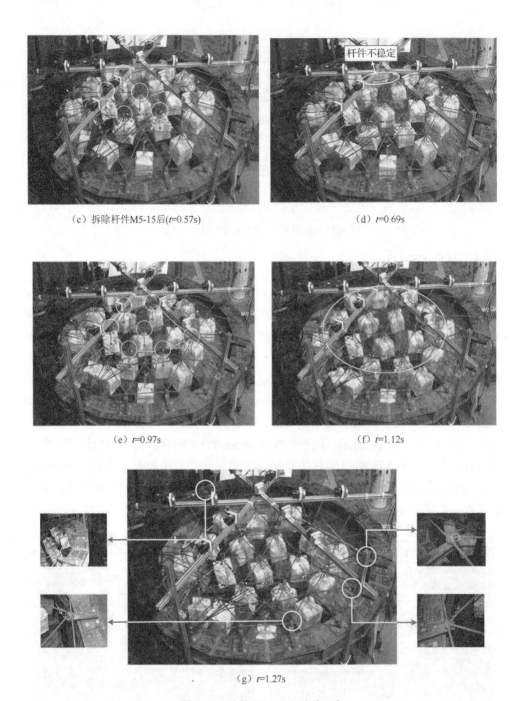

（c）拆除杆件M5-15后(*t*=0.57s)　　　　　　　　　（d）*t*=0.69s

（e）*t*=0.97s　　　　　　　　　（f）*t*=1.12s

（g）*t*=1.27s

图 4.28　试件 SS-TD-1 试验现象

试件 SS-TD-1 在静力阶段表现出的结构响应与前几个试件相同。在杆件

M4-12 拆除之后，节点 J4 最大动态位移达到了 13.0mm，稳定后累积的最终位移为 8.0mm（图 4.29）。失效杆件 M4-12 的内力主要由相邻杆件 M4-11 和 M4-13 承担。

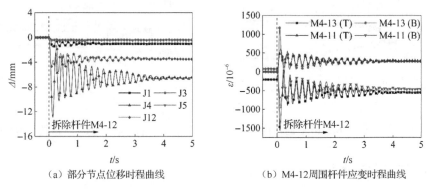

（a）部分节点位移时程曲线　　　　　　（b）M4-12周围杆件应变时程曲线

图 4.29　拆除杆件 M4-12 后的结构响应

杆件 M4-13 的瞬间失效导致其周围节点的振动增加，如图 4.30（a）所示，节点 J4 的振动最剧烈，累计动态位移 25.0mm。结构达到稳定之后节点 J4 呈现出下陷状态。测量结果表明，J4 累积的最大垂直位移为 16.0mm。如图 4.30（b）所示，在拆除杆件 M4-13 后，杆件 M4-5 为主要受力杆件，结构出现短暂的振动后迅速恢复平衡。在这个阶段，该结构仍处于弹性阶段。

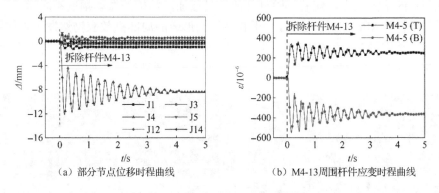

（a）部分节点位移时程曲线　　　　　　（b）M4-13周围杆件应变时程曲线

图 4.30　拆除杆件 M4-13 后的结构响应

如图 4.31 所示，拆除杆件 M5-14 后，M5-14 周围杆件的内力突然增大，结构达到塑性变形的临界状态。此时，大部分构件均受到弯曲力矩的影响，结构的抗倒塌机制主要为梁机制，增加了杆件屈曲的可能性。当拆除杆件 M5-15 后，部分倒塌迅速扩展到周围的局部结构，从而使少数杆件的承载力迅速达到屈服强度（图 4.32）。在倒塌过程中，一些杆件失去了承载能力，在整个结构逐渐倒塌后，该结构的一些杆件从弯曲转变为拉伸。

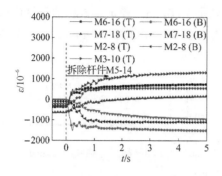

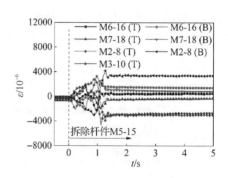

图 4.31　拆除杆件 M5-14 后的结构响应　　　图 4.32　拆除杆件 M5-15 后的结构响应

4.2.6　试件 SPD-K6-1

在静力加载阶段，SPD-K6-1 局部双层球面网壳结构表现为弹性特性，观察到的现象和结构响应与 SS-K6-1 单层球面网壳试验现象基本相同，较为稳定。

在杆件失效阶段中，前三组杆件依次失效后，整体结构基本上没有太大的变化，未出现明显变形现象，结构响应较小。在随后的三个阶段中，每组杆件失效后，由于受到动力效应的影响，与失效构件相连的节点出现了明显地上下振动，随后延伸到周围节点。在每处杆件失效后，杆件内力快速进行重分布，使结构重新达到新的平衡状态。随着拆除杆件的数量增加，结构的振动幅度不断增大，当最后一组杆件 M6-17 拆除之后，由于剩余结构形成的局部拱效应仍然发挥着作用，使得网壳结构最终未发生倒塌，结构达到新的平衡状态。从图 4.33 中可以看出部分上弦杆件 M2-8 最终会发生一定程度的屈曲，整体结构下沉明显。

图 4.33　拆除杆件 M6-17 后的试验现象

在静力加载阶段，结构主要的节点位移与杆件应变时程曲线如图 4.34 所示。此时，整体结构的位移与应变响应处于较低的水平。

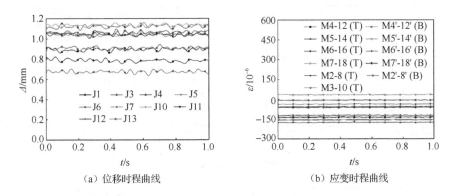

（a）位移时程曲线　　　　　　　　　　（b）应变时程曲线

图 4.34　试件 SPD-K6-1 在静力加载阶段的结构响应

　　图 4.35 为试件 SPD-K6-1 在不同杆件拆除后的结构响应，考虑到仪器的安全，在拆除第 4 组杆件之后，将位移计撤离。从图 4.35 可看出，杆件拆除之后，由于内力传递路径的中断，内力进行重分布，使相邻杆件节点应变与位移增加，最终结构响应随着时间变化达到新的平衡状态。随着失效杆件数量的增加，周围节点的位移不断累积，在杆件 M5-15 拆除之后，观察到的最大节点位移约为 17.0mm。

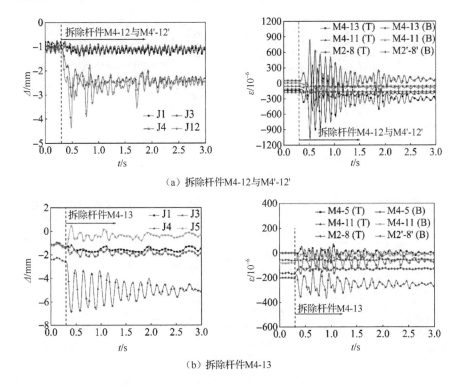

（a）拆除杆件 M4-12 与 M4'-12'

（b）拆除杆件 M4-13

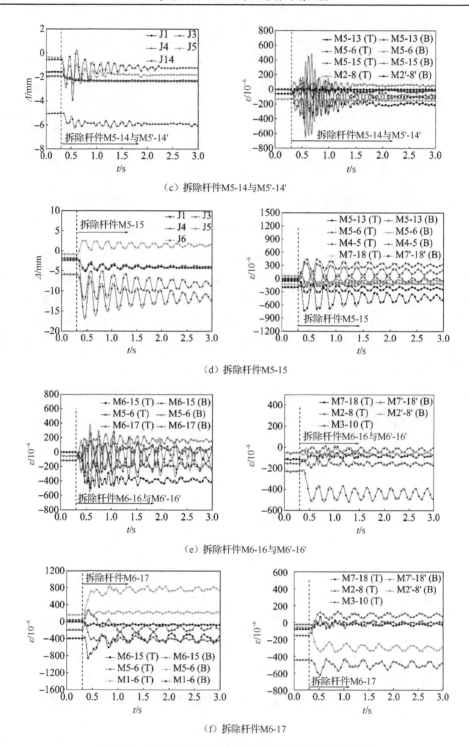

（c）拆除杆件M5-14与M5'-14'

（d）拆除杆件M5-15

（e）拆除杆件M6-16与M6'-16'

（f）拆除杆件M6-17

图 4.35　试件 SPD-K6-1 在不同杆件拆除后的结构响应

从试验过程的应变响应来看,大多数径向杆件的应变为压应变,因此在整体结构上压杆机制被认为是结构抗连续性倒塌的主要机制(图 4.35)。失效杆件的周围杆件起初受到压力与弯矩的作用,周围区域依靠梁机制和压杆机制共同抵抗倒塌,随着失效杆件的增加,其周围杆件内力转换为弯矩为主,进而使得在失效杆件的周围区域以梁机制为主。在杆件 M6-17 拆除之后,上弦杆件的应变由压应变转换成拉应变,表明上弦杆件最终会达到屈曲状态,下弦杆件此时没有屈曲,结构的局部拱效应仍然起作用,整体结构仍然能够吸收由于局部破坏产生的能量。

4.3　不同参数试验模型对比

试件 SS-K6-1 与 SS-K6-2 在倒塌过程中部分关键杆件应变响应如图 4.36 所示。通过分析可知:①试件 SS-K6-1 和 SS-K6-2 具有相同的倒塌模式,且杆件失效过程中整体结构均通过压杆机制抵抗连续倒塌,但 SS-K6-1 倒塌过程较 SS-K6-2 快约 3.5s;②SS-K6-1 中各杆件的上部应变均值约为 SS-K6-2 的 1.2 倍,同时 SS-K6-2 下部压应变均大于 SS-K6-1,即 SS-K6-2 受力更有利于压杆机制的充分发挥,因此其抗连续倒塌性能优于 SS-K6-1。

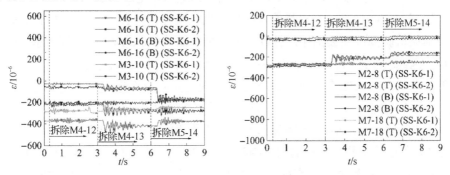

图 4.36　试件 SS-K6-1 与 SS-K6-2 在倒塌过程中部分关键杆件应变响应

试件 SS-K6-3 在瞬时拆除第 3 根杆件 M5-14 后,便发生了整体连续倒塌。对于 SS-K6-1,在拆除第 3 根杆件 M5-14 后,整个结构仍然未发生倒塌破坏;直到第 4 根杆件 M5-15 突然失效后,结构才发生完全翻转式倒塌。说明对于 K6 型单层球面网壳,在总加载荷载相同情况下,不均匀荷载工况较均匀荷载工况更加不利。但从两个试件的试验现象来看,试件 SS-K6-3 与 SS-K6-1 的连续倒塌过程存在着明显的一致性,具有相似的破坏过程:初始破坏引起失效杆件端点的失稳,随着传力路径的完全失效,结构出现局部塌陷;随着内力的传递破坏范围向周边持续扩展,最终导致整个结构的连续倒塌。尽管两种荷载工况下网壳的破坏过程相似，但数据显示，在非均匀荷载作用下，结构的应变响应明显大于均匀荷载作用下的应变（图 4.37）。因此，在非均匀荷载作用下，网壳结构较早发生倒塌。

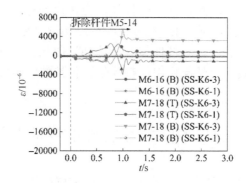

图 4.37　试件 SS-K6-1 与 SS-K6-3 应变响应对比

通过对试件 SS-K6-4 的连续倒塌过程分析可知，与破坏节点相连杆件主要通过梁机制抵抗倒塌，网壳剩余结构则主要通过压杆机制抵抗连续倒塌。尽管试件 SS-K6-4 与 SS-K6-1 的倒塌模式相似，但是 SS-K6-4 中节点 J4 的传力路径破坏更加严重，使得节点过早发生失稳，从而该结构更易发生连续倒塌。

对试件 SS-TD-1 网壳模型的四处杆件失效过程分析表明，三向网格型网壳主要依靠梁机制抵抗连续倒塌。杆件主要抵抗平面外弯曲力矩，容易发生不稳定和损坏。因此，在拆除杆件 M5-14 后，剩余杆件的内部力突然增加，其中一些达到临界屈曲状态。试件 SS-K6-1（K6 单层球面网壳）和 SS-TD-1（TD 单层球面网壳）的每个径向杆件在临近倒塌时均达到了不稳定状态，杆件中部的弯矩均较大。通过对 SS-K6-1 与 SS-TD-1 网壳部分节点位移和部分杆件应变的比较和分析，证明了 K6 单层球面网壳结构的动态响应小于 TD 单层球面网壳结构的动态响应。因此，K6 单层球面网壳结构在杆件失效过程中更安全，其抗连续倒塌性能优于 TD 单层球面网壳结构。

如图 4.38 所示，在拆除杆件第 4 组杆件（M5-15）后，试件 SPD-K6-1 的试验现象与 SS-K6-1 截然不同，最显著的差异为 SS-K6-1 发生了完全塌陷，而 SPD-K6-1 仍然处于弹性阶段。即使在第 6 组杆件拆除之后，SPD-K6-1 也未发生塌陷。试件 SS-K6-1 与 SPD-K6-1 的结构响应对比如图 4.39 所示，可看出试件 SPD-K6-1 的结构响应均小于 SS-K6-1。此外，由于下弦杆件的存在，分担了径向杆件一部分内力，使上弦杆件屈曲之后，结构的局部拱效应还未失效，从而改善了结构的抗连续性倒塌能力。

（a）试件 SS-K6-1

（b）试件 SPD-K6-1

图 4.38　拆除第 4 组杆件（杆件 M5-15）之后的试验现象

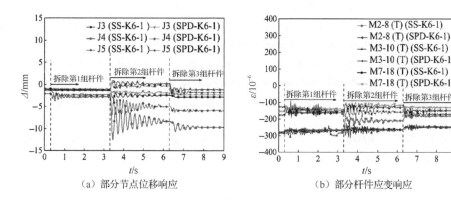
（a）部分节点位移响应　　　　　　　　　（b）部分杆件应变响应

图 4.39　试件 SS-K6-1 与 SPD-K6-1 的结构响应对比

4.4　本 章 小 结

本章考虑网格形式、局部刚度变化、矢跨比、不均匀荷载及杆件失效顺序等多个因素，对空间球面网壳缩尺模型进行连续倒塌动力试验研究，得出以下结论：

（1）K6 型球面网壳的失效杆件周围区域主要依靠梁机制抵抗连续倒塌，整体结构依靠压杆机制抵抗连续倒塌。TD 型单层球面网壳整体结构与失效构件周围区域均主要依靠梁机制抵抗连续倒塌，结构更易发生连续倒塌。

（2）提高空间球面网壳的局部刚度与矢跨比有利于压杆机制与梁机制的充分发挥，从而改善结构的抗连续倒塌能力。

（3）相较于均匀荷载或不同节点杆件失效，空间球面网壳的结构响应在不均匀荷载或者相同节点失效工况下表现更加显著，更易发生连续倒塌。

参 考 文 献

[1] TIAN L M, WEI J P, HUANG Q X, et al. Collapse-resistant performance of long-span single-layer spatial grid structures subjected to equivalent sudden joint loads[J]. Journal of Structural Engineering, 2021, 147(1): 04020309.

[2] TIAN L M, WEI J P, BAI R, et al. Dynamic behaviour of progressive collapse of long-span single-layer spatial grid structures[J]. Journal of Performance of Constructed Facilities, 2021, 35(2): 04021002.

[3] TIAN L M, HE J X, ZHANG C B, et al. Progressive collapse resistance of single-layer latticed domes subjected to non-uniform snow loads[J]. Journal of Constructional Steel Research, 2021, 176: 106433.

[4] TIAN L M, BAI C, ZHONG W H. Experimental study and numerical simulation of partial double-layer latticed domes against progressive collapse in member-removal scenarios[J]. Structures, 2021, 29: 79-91.

[5] TIAN L M, LI D Y, LI W, et al. Progressive collapse resistance of single-layer latticed domes under different failure conditions at the same joint[J]. Journal of Building Engineering, 2021, 36: 102132.

[6] TIAN L M, LI Q B, ZHONG W H, et al. Effects of the rise-to-span ratio on the progressive collapse resistance of Kiewitt-6 single-layer latticed domes[J]. Engineering Failure Analysis, 2019, 106: 104158.

[7] TIAN L M, NIE X N, ZHONG W H, et al. Comparison of the progressive collapse resistances of different single-layer latticed domes[J]. Journal of Constructional Steel Research, 2019, 162: 105697.

[8] 中华人民共和国住房和城乡建设部. 空间网格结构技术规程: JGJ7—2010[S]. 北京: 中国建筑工业出版社, 2010.

[9] TIAN L M, WEI J P, HAO J P, et al. Dynamic analysis method for the progressive collapse of long-span spatial grid structures[J]. Steel and Composite Structures, 2017, 23(4): 435-444.

第5章 大跨度空间网格结构抗连续倒塌分析方法

如前所述，备用荷载路径（AP）法是目前使用最广泛的一种抗连续倒塌分析方法[1,2]。确定结构的初始失效构件和它的几何位置是该方法的第一个重要内容。现有的抗连续倒塌规范中仅规定框架结构移除构件的选择方法。对于大跨度空间网格结构，失效构件的确定往往需要依靠工程师对结构整体性能的把握或大范围进行构件重要性判别来实现，但前一种方法过于依赖研究人员的水平，主观因素较强，可能会忽略某些重要构件，而后一种方法的计算量非常大，费时费力。此外，一方面，已有的研究在对大跨度空间网格结构进行连续倒塌分析时，重要构件的判别（基于刚度、能量、强度、敏感性分析和概念分析等单一响应）没有统一标准，由于每种响应只能反映结构某些方面的特性，因此最终得到不同的指标和评价结果。实际上，针对同一个分析对象，无论采用何种判别方法，重要构件应是一致的，即不同的方法应具有相同的结论。另一方面，现有判别方法或是未考虑结构所承受的荷载，或是采用线性模型分析非线性的实际结构，并且均未建立重要构件的失效模型，使得分析结果有待商榷。因此，找到一种简便、可靠的移除构件判断方法并建立构件的失效模型是非常必要的。虽然第3章3.4节对大跨度空间网格结构重要区域进行了分析，但是仍无法精确指出哪些杆件为此类结构的重要构件。

AP法的另一个重要内容是倒塌过程的模拟。根据结构类型和复杂程度，可采用线性静力、非线性静力和非线性动力等计算方法。偶然荷载作用使局部构件失效前，结构处于初始的平衡状态。为了正确评估结构的抗连续倒塌性能，必须把握结构在遭遇偶然荷载之前的初始状态。同框架结构一样，现阶段有关大跨度空间网格结构抗连续倒塌的理论分析、有限元分析和试验研究均是基于设计状态进行的。但是，由于大跨度空间网格结构在施工过程中的内力发展和变形过程十分复杂，成型结构的内力和变形也与施工过程中的"路径效应"密切相关，因此未考虑施工效应对大跨度空间网格结构初始状态的影响，极大地降低了分析结果的可靠性。采用考虑施工效应的初始状态来验算大跨度空间网格结构抗连续倒塌性能，才能避免产生较大的误差甚至错误的结果。

此外，目前大跨度空间网格结构抗连续倒塌分析模型中往往采用宏观梁单元进行模拟，未能反映局部破坏引起周边构件的微观响应，且损伤参数对此类结构模型的影响也未见明确报道。

　　本章基于稳定失效与强度失效模式，针对大跨度空间网格结构，首先提出基于重要构件的初选范围的多重响应分析法，明确重要构件的分布位置。其次，考虑施工过程影响，对 AP 法进行修正，建立了考虑施工效应的 AP 法。再次，推导出考虑初始状态下子结构在线弹性、弹塑性阶段的动力放大原理，在此基础上提出连续倒塌动力效应的简化模拟方法。此外，为节约计算资源并反映局部应力分布，采用多尺度有限元模型进行抗连续倒塌分析，给出一种抗连续倒塌分析的新思路。最后，研究损伤参数对模型的影响，提出相应的分析建议。

5.1　重要构件选取

5.1.1　重要构件的初选范围

1. 屈曲分析法

　　特征值屈曲分析无须进行复杂的非线性迭代，即可获得结构的临界弹性屈曲荷载和屈曲模态。特征值屈曲分析原理可用式（5.1）说明：

$$([K_0] + \lambda_i[K_\Delta])\{v\}_i = 0 \tag{5.1}$$

式中，$[K_0]$ 为对应于基础状态的刚度矩阵，包含预加荷载 P 的影响；$[K_\Delta]$ 为结构总体弹性刚度矩阵，即小位移的线性刚度矩阵；λ_i 为第 i 个屈曲模态对应的特征值；$\{v\}_i$ 为第 i 个屈曲模态形状。令刚度矩阵 $[K_0] + \lambda_i[K_\Delta]$ 奇异，可求解出特征值 λ_i，则屈曲荷载为 $P + \lambda_i Q$，Q 为特征值屈曲分析的作用荷载，λ_i 越小说明该阶屈曲模态越容易出现，故结构低阶屈曲模态较重要。由奇异的刚度矩阵可求解出结构的屈曲模态形状 $\{v\}_i$，但是它不代表结构在屈曲荷载情况下实际变形的大小，仅表示结构在临界点处的位移趋势，也就是结构屈曲时的位移增量模式。

　　大跨度空间网格结构的构件内力以压力或拉力为主。对于压杆，首先利用特征值屈曲分析确定初始几何缺陷（最大偏差为 $L/300$，L 为结构跨度）。考虑此类结构形式的复杂性，一方面，最低阶缺陷模态对应的临界荷载值未必最低；另一方面，屈曲模态阶数越高，发生概率越小，因此分别以前 10 阶特征值屈曲模态作为初始几何缺陷的分布模式，考虑非线性的影响得到非线性屈曲状态。以上述非线性屈曲状态结合特征值屈曲模态共同确定大响应区域，并初选该区域构件作为重要构件。这是因为特征值屈曲分析得到由低阶到高阶排列的各阶模态反映了结构各部分杆件稳定承载力由弱到强的排序，且当非线性较强时，结构的非线性屈曲状态与初始缺陷表现不一致，可能发生屈曲位置的跳跃。

以一根两端铰接柱为例说明该方法的合理性。图 5.1（a）为截面无削弱柱，其第 1 阶屈曲模态如虚线所示。屈曲模态显示跨中 0.5l 范围为大响应区，两端为响应较小的区域。分别将两个区域柱的截面惯性矩减少到原来的 1/2，如图 5.1（b）和（c）所示，分析其对弹性屈曲荷载的影响。

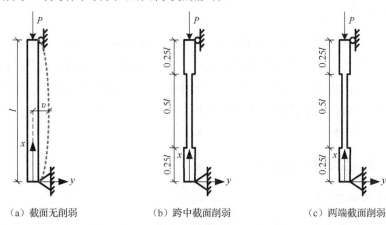

（a）截面无削弱　　　　　（b）跨中截面削弱　　　　　（c）两端截面削弱

图 5.1　两端铰接柱

用瑞利-里兹法[3]求解弹性屈曲荷载，先假定铰接柱的挠曲线为

$$y = v\sin(\pi x)/l \tag{5.2}$$

则结构总势能 Π 为

$$\Pi = \frac{P^2 v^2}{4EI_1}\left[\left(1 + \frac{I_1}{I_2}\right)\frac{l}{2} + \left(\frac{I_1}{I_2} - 1\right)\frac{l}{\pi}\right] - \frac{\pi^2 P v^2}{4l} \tag{5.3}$$

式中，I_1、I_2 分别为端部截面和跨中截面的惯性矩；截面无削弱时的惯性矩为 I。由势能驻值条件且 $P \neq 0$、$v \neq 0$ 得到屈曲荷载 P_{cr} 为

$$P_{cr} = \frac{\pi^2 EI_1}{\left[\left(1 + \dfrac{I_1}{I_2}\right)\dfrac{1}{2} + \left(\dfrac{I_1}{I_2} - 1\right)\dfrac{1}{\pi}\right]l^2} \tag{5.4}$$

由式（5.4）可求出图 5.1 所示三种截面的弹性屈曲荷载：

$$\begin{cases} P_{cr,a} = \dfrac{\pi^2 EI}{l^2}, & I_1 = I_2 = I \\[2mm] P_{cr,b} = 0.550\dfrac{\pi^2 EI}{l^2}, & I_1 = 2I_2 = I \\[2mm] P_{cr,c} = 0.846\dfrac{\pi^2 EI}{l^2}, & 2I_1 = I_2 = I \end{cases} \tag{5.5}$$

上述计算结果表明，虽然两个区域截面削弱的范围都是 $0.5l$，但是大响应区域削弱的铰接柱承载力下降较大，故跨中区域的重要性高于两端区域。因此，可以采用屈曲分析法初选大跨度空间网格结构的部分重要构件。

2. 应力比法

大跨度空间网格结构的构件失效主要分为强度破坏与受压杆件屈曲破坏。对于以压力为主的大跨度空间网格结构而言，利用屈曲分析法确定重要构件初选范围能够取得较好效果。但是，受拉杆件发生强度破坏也不能忽略，因此将应力比较大的构件同样作为初选的重要构件范围。此外，还应结合现有的工程经验进行重要构件的补充。

5.1.2　多重响应综合判别方法

1. 结构响应

对于大跨度空间网格结构，竖向荷载往往起控制作用。因此，以移除失效构件后的剩余结构为研究对象，对其在常规竖向荷载作用下的响应进行分析，描述构件的重要性。

结构响应包括构件响应（杆件应力比、节点位移等）和整体响应（承载力、应变能、自振频率等）。对于前者，响应较大的构件可以较好地反映移除构件的重要性。因此，首先假定构件响应近似为服从正态分布的随机变量（大跨度空间网格结构的构件数目较多，即分析样本较多），然后分别以正常使用和移除构件下的各构件响应为样本，估计总体的均值 μ 和方差 σ，由此可以计算出两种情况下构件响应的上侧 0.05 分位数 η。

$$\mu = \frac{1}{n}\sum_{i=1}^{n}\eta_i \tag{5.6}$$

$$\sigma = \sqrt{\frac{1}{n-1}\sum_{i=1}^{n}(\eta_i - \mu)^2} \tag{5.7}$$

$$\eta = \mu + 1.645\sigma \tag{5.8}$$

$$a_k^r = \pm(\eta_{\mathrm{o}} - \eta_k)/\eta_{\mathrm{o}} \tag{5.9}$$

式中，η_i 为正常情况下或移除失效构件 k 后构件 i 的响应；n 为正常情况下或移除失效构件 k 后的构件数目；η_{o}、η_k 分别为正常情况下和移除失效构件 k 后构件响应的上侧 0.05 分位数；a_k^r 为由第 r 个响应计算出移除构件 k 的重要性系数（敏感性指标），其计算公式正负号视具体响应而定，若响应变大，不利于结构安全，取负号，反之取正号。

该方法首先计算构件响应的上侧 0.05 分位数 η，随后计算敏感性指标，目的是避免结构在移除构件前后响应发生数量级变化，拉高失效构件的重要性系数，但是响应在变化前后均较小，无法说明构件重要。例如，某构件在移除前后，应力由 1MPa 增加到 50MPa，其敏感性指标为 50，但是该变化并未对结构造成较大影响。此外，该计算方法考虑了构件响应的平均水平及其离散程度，较以往单纯考虑平均值（平均应力比）和最大值（最大位移）更加合理，能够反映构件响应的整体分布情况。

对于整体响应，构件 k 的重要性系数等于整体结构对该构件移除的敏感性指标：

$$a_k^r = \pm(\gamma_{\mathrm{o}} - \gamma_k) / \gamma_{\mathrm{o}} \tag{5.10}$$

式中，γ_{o}、γ_k 分别为正常情况下和移除失效构件 k 后结构的整体响应。

2. 评估方法

多重响应的选取应视结构形式而定，对于复杂大跨度空间网格结构，选取的结构响应类型数应尽可能多。此外，在保证计算精度的前提下，还应考虑计算效率。

在每种结构响应计算完毕后，单个初选重要构件将得到多个重要性系数。由于不同结构响应计算出的重要性系数量级可能不同，因此有必要进行标准化处理，而后为了综合考虑各种响应下构件的重要性，采用其最大值作为构件的最终重要性系数。据此，将多重响应综合分析法定量表示为

$$a_{k,\mathrm{s}}^r = \frac{a_k^r}{(a_1^r, \ a_2^r, \ \cdots, \ a_t^r)_{\max}} \tag{5.11}$$

$$a_k^{\mathrm{F}} = \max a_{k,\mathrm{s}}^r \big|_{r=1, 2, \cdots, m} \tag{5.12}$$

式中，$a_{k,\mathrm{s}}^r$ 为标准化后的重要性系数；t 为初选的重要构件数目；a_k^{F} 为构件最终重要性系数；m 为所计算的结构响应类型数。

5.1.3　算例分析

为了检验基于初选范围的多重响应分析法的正确性，本小节通过两个算例进行说明。

1. 正放四角锥网架

图 5.2 所示为一个跨度 15m 的小型正放四角锥网架结构示意图，高度为 1.5m，支座形式为四点支撑铰支座。所有杆件均采用圆管，上弦杆为 68mm×6mm，腹杆为 50mm×2.5mm，下弦杆为 63.5mm×4.5mm。

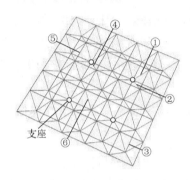

图 5.2　正放四角锥网架结构示意图

由于该结构具有对称性，仅在 1/4 范围内找出重要构件。首先，以在上弦节点施加单位竖向集中荷载作为加载工况，对其进行特征值屈曲分析。由于第 1、9 阶屈曲模态（图 5.3）可包络前 10 阶其余模态，因此以上述屈曲模态施加初始缺陷，考虑非线性的影响，得到结构的非线性屈曲状态（图 5.4）。从特征值屈曲模态可以看出，与支座相连的受压构件响应较大，为薄弱区。因此，初步选取图 5.2 所示构件①、②作为重要构件进行多重响应重要性系数计算，另选取构件③作为对比验证本书所提方法的正确性（由于图 5.4 中杆件的非线性屈曲状态与初始缺陷表现一致，因此无须再补充重要构件）。此外，选取应力比较大的构件④、⑤也作为初选重要构件，选取构件⑥作为对比。

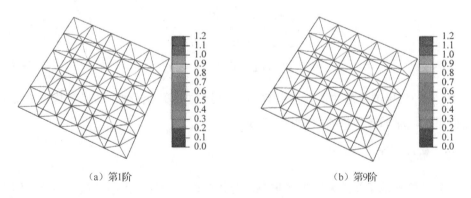

（a）第1阶　　　　　　　　　　　（b）第9阶

图 5.3　网架结构屈曲模态

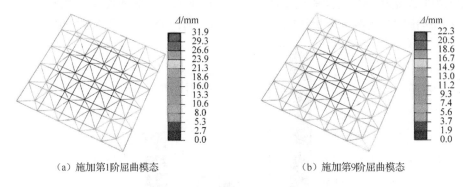

（a）施加第1阶屈曲模态　　　　　　　　　　（b）施加第9阶屈曲模态

图 5.4　网架结构非线性屈曲状态

分别对上述初选构件进行多重响应分析，探讨网架结构各构件的重要性系数，计算结果如图 5.5 所示，图中重要性系数均为标准化后的结果。

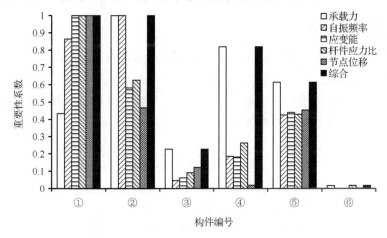

图 5.5　网架结构各构件重要性系数计算结果

由图 5.5 结果可知：

（1）构件①、②和④、⑤的重要性系数均高于与其相对应的对比构件。

（2）通过比较应变能和承载力重要性系数的计算结果，发现它们偏差较大。当采用单一响应评估构件重要性时，往往会忽略其中某个重要构件。采用基于初选范围的多重响应分析法得出的综合重要性系数可以避免这一情况的发生，分析更加全面。

（3）构件①、②、④的综合重要性系数较大，为本网架结构的重要构件。

将本书重要性系数计算方法的结果与基于概念判断的敏感性分析法[4]计算结果进行对比，如图 5.6 所示。由此可知两种方法吻合较好（支座腹杆的重要性系数最大），但采用本书的定量分析方法，可知支座处上弦杆并非重要构件，而文献[4]中并无结构杆件之间的重要性对比，因此本书方法更加具体。由此说明，基于初选范围的多重响应分析法能够快速地判别构件重要性，且结果正确可靠。

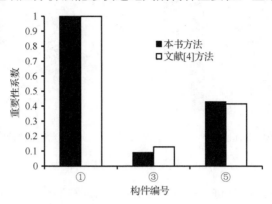

图 5.6   两种方法重要性系数对比

2. 单层球面网壳

图 5.7 所示为一个跨度 40m、矢跨比 1/5 的 K8 型单层球面网壳。主杆和纬杆截面选用 121mm×3.5mm 的圆管，斜杆采用 114mm×3mm 的圆管。网壳节点均为刚接，支座节点也均固接于下部支撑结构上。荷载为恒载和活载满跨均匀布置，将此均布荷载等效施加于结构各节点上。

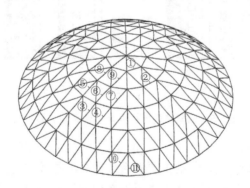

图 5.7   网壳结构示意图

基于对称性，仅给出 1/16 范围内结构的重要构件。首先采用线性特征值屈曲分析法确定初始几何缺陷。由于第 1 阶屈曲模态（图 5.8）可包络前 10 阶其余模态，因此以该屈曲模态施加初始缺陷，考虑非线性的影响，得到结构的非线性屈曲状态（图 5.9）。通过上述分析，一方面可由图 5.8 的薄弱区域初选图 5.7 所示构件③、④、⑤、⑥为重要构件；另一方面，从图 5.9 中可以看出，除与特征值屈曲模态表现一致的杆件发生屈曲外，因非线性因素影响，构件⑦、⑧、⑨也发生较严重的屈曲。此外，选取应力比较大的构件①、②也作为初选重要构件，另选取构件⑩、⑪作为对比。

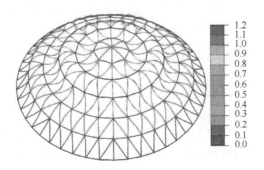

图 5.8　网壳结构第 1 阶屈曲模态

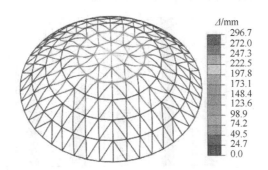

图 5.9　网壳结构非线性屈曲状态

分别对上述初选构件进行多重响应分析，探讨网壳结构各构件的重要性系数。标准化后的重要性系数计算结果如图 5.10 所示。

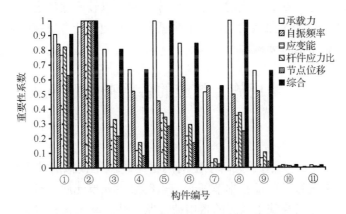

图 5.10　网壳结构各构件重要性系数计算结果

由图 5.10 结果可知：

（1）构件①～⑨的重要性系数均明显高于对比构件。

（2）通过构件⑤、⑧的计算结果，发现基于承载力的构件重要性系数远大于其余响应。若采用其余单一响应评估构件重要性会忽略上述构件。因此，采用基于初选范围的多重响应分析法得出的综合重要性系数可以全面考虑各响应对构件的影响。

（3）通过综合重要性系数的分析，构件①、②、③、⑤、⑥、⑧综合重要性系数较大，为本网壳结构的重要构件。

图 5.11 为本书方法与文献[5]方法的重要性系数对比。根据两种方法的计算结果可知，构件②和⑥为重要构件。因此，本书计算结果与文献[5]吻合较好。由于文献[5]忽略了承载力的响应，因此杆件③、⑤、⑧未被选为重要构件。但是与本书类似，Zhao 等[6]选择这类杆件作为此类结构的重要构件。

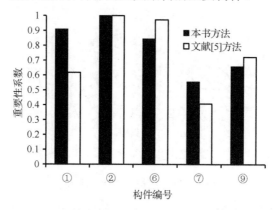

图 5.11　两种方法重要性系数对比

综上所述，基于初选范围的多重响应分析法可以较好地考虑各重要性系数之间的差异，能够更加全面地判别构件的重要性，方便设计者快速准确地识别大跨度空间网格结构中的重要构件。

5.2　考虑施工效应的备用荷载路径法

5.2.1　基本原理

文献[7]中提出了适用于大跨度空间网格结构施工模拟的节点约束生死单元法，并通过实例进行了验证。本节基于节点约束生死单元法，对备用荷载路径法进行了修正，提出考虑施工效应的备用荷载路径法。其主要思路如下：

（1）采用节点约束生死单元法对大跨度空间网格结构进行施工过程模拟分

析，得到失效构件在各个施工阶段的静力内力 P_i（最终施工完成时内力为 P_0）。

（2）去掉失效构件，分别将各阶段内力 P_i 反向作用在结构上，并将构件失效的过程转化为荷载 P_0 随时间的卸载过程。

等效荷载时程曲线如图 5.12 中的实线所示。图 5.12 中，点划线为修正前的备用荷载路径法的时程曲线（P_D 为一次性加载下失效构件的内力），折线 0-3 为考虑非线性施工效应的内力变化示意，3-4 为构件失效前的稳定时长。根据此曲线，结构的动力响应分为三个阶段。$0 \leqslant t < t_0$ 时，结构施工过程中在原有时变静力荷载与等效荷载 P_i 作用下发生强迫振动，最终达到构件失效前的初始平衡状态。$t_0 \leqslant t < t_0 + t_p$ 时，为构件失效阶段。$t \geqslant t_0 + t_p$ 时，为构件失效后剩余结构的自由振动阶段。

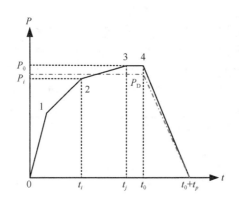

图 5.12   等效荷载时程曲线

5.2.2   算例分析

以六角星形网格[图 5.13（a）]、扩展六角星形网格[图 5.13（b）]为例进行说明。采用有限元软件 ABAQUS 进行分析，梁单元（B32）建模，支座为固接，并使用理想弹塑性本构模型，在每个施工单元施工完毕后同时施加节点荷载。杆件的截面尺寸均为 102mm×3.5mm，网格跨度分别为 12.0m、17.5m，矢高分别为 1.0m、2.2m，除支座外其余节点均作用有竖向集中荷载。分别采用备用荷载路径法和考虑施工效应的备用荷载路径法对两种结构进行杆件①、④失效连续倒塌分析（考虑几何非线性的影响，失效时间为 0.01s），并将计算结果进行比较，见表 5.1（为表达明确，仅给出失效构件附近杆件动力时程内的最大应力），杆件编号如图 5.13 所示。考虑施工效应时，两种结构均在顶点和外环六边形节点处加设临时支撑（图 5.14 圈注处），采用对称施工的方案（A、B 两个施工区同时由 1 开始顺时针安装，安装完成后将支撑卸载），两种结构的单元分区如图 5.14 所示。

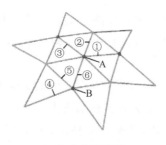
（a）六角星形网格

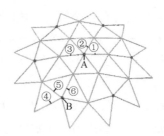
（b）扩展六角星形网格

图 5.13　两种结构的杆件编号

表 5.1　备用荷载路径法和考虑施工效应的备用荷载路径法对两种结构的计算结果

结构		杆件①失效				杆件④失效			
		f / Hz	Δ_A / mm	$\sigma_②$ / MPa	$\sigma_③$ / MPa	f / Hz	Δ_B / mm	$\sigma_②$ / MPa	$\sigma_③$ / MPa
六角星形网格	Y	15.99	13.19	185.26	85.02	18.76	14.78	140.63	138.74
	N	16.11	15.17	90.36	60.48	18.93	14.49	90.43	32.98
扩展六角星形网格	Y	13.41	17.37	134.91	123.08	20.28	5.46	49.90	84.29
	N	13.19	13.10	93.59	53.38	20.46	6.90	56.80	33.75

注：Y 表示考虑施工效应的备用荷载路径法；N 表示备用荷载路径法。

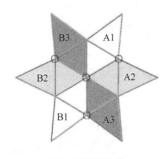
（a）六角星形网格

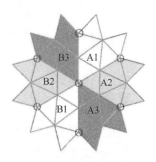
（b）扩展六角星形网格

图 5.14　两种结构的单元分区

通过以上分析，可以得出结论：

（1）由剩余结构自振频率的对比结果可知，施工效应会影响结构刚度。对复杂大跨度单层空间网格结构来说，其影响更大，不能忽略。

（2）两种分析方法下，结构的最大位移相差不大。但考虑施工效应的备用荷载路径法的最大应力（与失效构件相邻杆件）比备用荷载路径法增大较多，平均增大约 50%，最大甚至超过 4 倍，且不同构件的失效也反映出此规律。因此，直接采用备用荷载路径法进行分析会使结果偏不安全，分析时不能忽视。

（3）由于考虑了实际的初始状态，采用考虑施工效应的备用荷载路径法分析更为可靠，结果更加合理。

5.3　连续倒塌动力效应

5.3.1　基本理论

大跨度空间网格结构是由众多杆件与节点按照一定规律刚性或半刚性连接而成，非线性动力 AP 法分析的动力过程可以近似看作是一个多自由度体系的自由振动。在对大跨度空间网格结构进行非线性动力 AP 法分析之前，基于第 2 章所提的子结构模型，以一个单自由度体系的自由振动分析，说明连续倒塌过程中的动力效应，如图 5.15 所示。在重要构件瞬时失效后，中心节点发生介于初始状态（Δ_o）与动力最大位移状态（Δ_D）之间的自由振动，最终达到静力平衡状态（Δ_S）。

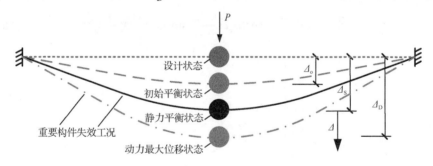

图 5.15　单自由度体系

以静力平衡状态为标准位移点，单自由度体系自由振动的平衡微分方程为

$$\ddot{\Delta} + 2\xi\omega\dot{\Delta} + \omega^2\Delta = 0 \tag{5.13}$$

$$\omega = \sqrt{k/m} \tag{5.14}$$

微分方程（5.13）的解可设为

$$\Delta(t) = Ce^{\lambda t}$$

则 λ 可由特征方程 $\lambda^2 + 2\xi\omega\lambda + \omega^2 = 0$ 求得：

$$\lambda = \left(-\xi \pm \sqrt{\xi^2 - 1}\right)\omega \tag{5.15}$$

空间网格结构的阻尼比 ξ 可取 0.02[8]，此时微分方程（5.13）的解为

$$\Delta(t) = e^{-\xi\omega t}[C_1\cos(\omega_r t) + C_2\sin(\omega_r t)] \tag{5.16}$$

$$\omega_r = \omega\sqrt{1 - \xi^2} \tag{5.17}$$

由初始条件 $\Delta(0)=-(\Delta_{\mathrm{S}}-\Delta_{\mathrm{o}})$，$\dot{\Delta}(0)=0$ 得

$$\Delta(t)=-\mathrm{e}^{-\xi\omega t}\left[\cos(\omega_{\mathrm{r}}t)+\frac{\xi\omega}{\omega_{\mathrm{r}}}\sin(\omega_{\mathrm{r}}t)\right](\Delta_{\mathrm{S}}-\Delta_{\mathrm{o}}) \qquad (5.18)$$

令 $\dot{\Delta}(t)=0$，得

$$\xi\omega\left[\cos(\omega_{\mathrm{r}}t)+\frac{\xi\omega}{\omega_{\mathrm{r}}}\sin(\omega_{\mathrm{r}}t)\right]+[\omega_{\mathrm{r}}\sin(\omega_{\mathrm{r}}t)-\xi\omega\cos(\omega_{\mathrm{r}}t)]=0 \qquad (5.19)$$

解得 $\omega_{\mathrm{r}}t=n\pi$，$n$ 为自然数。当 $n=0$ 时，中心节点位于初始状态，即 $\Delta(0)=-(\Delta_{\mathrm{S}}-\Delta_{\mathrm{o}})$；$n=1$ 时，中心节点到达动力最大位移状态，动力最大位移 $\Delta_{\mathrm{D}}=\Delta_{\mathrm{S}}+\Delta(\pi/\omega_{\mathrm{r}})=\Delta_{\mathrm{S}}+(\Delta_{\mathrm{S}}-\Delta_{\mathrm{o}})\mathrm{e}^{-\xi\pi/\sqrt{1-\xi^{2}}}$，如图 5.16 所示。将式（5.18）求导两次得到式（5.20），当中心节点运动到动力最大位移位置时（$t=\pi/\omega_{\mathrm{r}}$），惯性力 $F=-m\ddot{\Delta}(\pi/\omega_{\mathrm{r}})=m\omega^{2}(\Delta_{\mathrm{S}}-\Delta_{\mathrm{o}})\mathrm{e}^{-\xi\pi/\sqrt{1-\xi^{2}}}$，如图 5.17 所示。

$$\ddot{\Delta}(t)=\omega^{2}\mathrm{e}^{-\xi\omega t}\left[\cos(\omega_{\mathrm{r}}t)-\frac{\xi\omega}{\omega_{\mathrm{r}}}\sin(\omega_{\mathrm{r}}t)\right](\Delta_{\mathrm{S}}-\Delta_{\mathrm{o}}) \qquad (5.20)$$

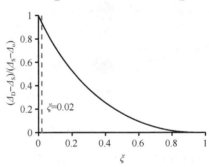

图 5.16　动力最大位移与阻尼比关系

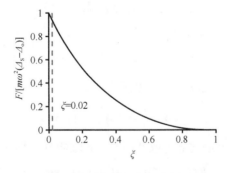

图 5.17　惯性力与阻尼比关系

当 $\xi=0.02$ 时，$\Delta_{\mathrm{D}}=\Delta_{\mathrm{S}}+0.94(\Delta_{\mathrm{S}}-\Delta_{\mathrm{o}})$，$F=0.94m\omega^{2}(\Delta_{\mathrm{S}}-\Delta_{\mathrm{o}})$，且式（5.18）和

式（5.20）可以分别改写成式（5.21）和式（5.22），动力时程曲线如图 5.18 所示。即静力位移 Δ_S 因动力效应增大了 $0.94(\Delta_S - \Delta_o)$，并且动力效应产生的惯性力为 $0.94m\omega^2(\Delta_S - \Delta_o)$，由于 $\omega = \sqrt{k/m}$，$F = 0.94k(\Delta_S - \Delta_o)$，等价于荷载 $P = k\Delta_S$ 增加 $0.94k(\Delta_S - \Delta_o)$，位移动力放大系数（$R_d$）与荷载动力放大系数（$R_L$）表示见式（5.23）。上述分析发现，惯性力 $F = 0.94k(\Delta_S - \Delta_o)$ 与节点质量无关，但是节点质量的增大会使自振频率减小，因此荷载 P 应以质量的形式施加到结构上。

$$\Delta(t)/(\Delta_S - \Delta_o) = -e^{-0.02\omega t}[\cos(0.9998\omega t) + 0.02\sin(0.9998\omega t)] \qquad (5.21)$$

$$\ddot{\Delta}(t)/\omega^2(\Delta_S - \Delta_o) = e^{-0.02\omega t}[\cos(0.9998\omega t) - 0.02\sin(0.9998\omega t)] \qquad (5.22)$$

$$R_d = R_L = 1 + 0.94(\Delta_S - \Delta_o)/\Delta_S \qquad (5.23)$$

其中，$R_d = \Delta_D/\Delta_S$，$R_L = (P + F)/P$。式（5.23）说明，在进行非线性动力 AP 法分析时，放大系数计算与初始状态密切相关，初始状态 Δ_o 必须考虑。在不考虑初始状态情况下，位移与荷载将放大 0.94 倍的静力位移与荷载。

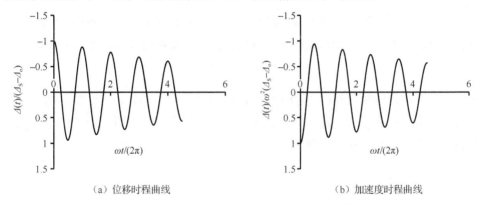

(a) 位移时程曲线　　　　　　　　　　　　　(b) 加速度时程曲线

图 5.18　动力时程曲线（$\xi = 0.02$）

　　结构进入弹塑性阶段后，弹性阶段的动力效应理论解法不再适用，能量守恒原理可以给出结构弹塑性阶段动力效应的理论分析。在重要构件失效后，结构释放的重力势能 W 转化为动能 E 和应变能 U，达到动力最大位移状态时有

$$W = U \qquad (5.24)$$

　　将承载力-位移曲线简化为图 5.19 所示的双折线形式，以此反映结构弹塑性阶段的性能。W、U 可分别表示为

$$W = S_1 + S_2 \qquad (5.25)$$

$$U = S_2 + S_3 \qquad (5.26)$$

式中，S_1、S_2、S_3 分别为图 5.19 中区域 1、2、3 的阴影面积，由式（5.24）～式（5.26）可得图中静力平衡状态 S 对应的动力最大位移状态 D。

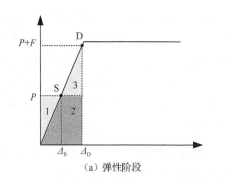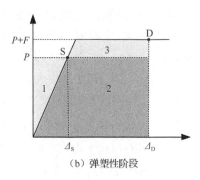

（a）弹性阶段　　　　　　　　　　　（b）弹塑性阶段

图 5.19　动力放大原理

由图 5.19 可知，弹性阶段下位移动力放大系数与荷载动力放大系数保持一致，随着结构塑性的发展，位移动力放大系数逐渐增大，荷载动力放大系数逐渐减小。

使用需求能力比（DCR）反映结构所受荷载的相对大小，对不同 DCR 状态下的子结构模型进行备用荷载路径法分析，进一步说明连续倒塌动力放大原理。

$$DCR = P / P_u \tag{5.27}$$

式中，P 为结构所受荷载；P_u 为子结构的极限承载力。此外，对于整体结构，不断增加荷载至结构在微小荷载增量情况下，位移显著增加并引起结构倒塌，此时荷载组合定义为结构极限荷载 P_u。

5.3.2　算例分析

为检验上述理论的合理性，以杆件与水平面夹角分别为 0°、30°的子结构模型进行不同荷载状态下的 AP 法分析，通过在中心节点突加荷载的方式间接模拟杆件失效，模型中建立虚拟密度梁单元施加节点荷载（在节点位置增设梁单元，并设置虚拟的密度属性控制节点质量，此时虚拟密度梁单元的质量中心和刚度中心应与节点相重合，避免节点扭转，如图 5.20 所示）。子结构的跨度均为 4m，杆件的截面选用 102mm×4mm，屈服强度为 235MPa，阻尼比 ξ 取 0.02。

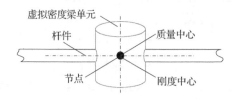

图 5.20　虚拟密度梁单元

DCR 反映结构所受荷载的相对大小，分别施加不同 DCR 对应的节点荷载，进行非线性动力 AP 法分析。动力过程中子结构承受的荷载 $P=DCR \cdot P_u$，对于四边形网格结构，以 $1/5P$ 作为瞬时施加的荷载，模拟假想的第 5 根杆件失效，而三角形网格子结构取 $1/7P$，模拟假想的第 7 根杆件失效，因此形成初始状态的荷载分别为 $4/5P$ 和 $6/7P$。此种荷载施加方式，一方面可以使两类子结构的静力平衡状态 Δ_S 分别保持一致，另一方面使不同子结构模型在同一 DCR 状态下进行动力分析，便于比较。

上述过程同样可以使用荷载传递功能实现，将 ABAQUS/Standard 中获取的初始状态传递到 ABAQUS/Explicit 中，增加节点密度实现瞬时施加节点荷载，完成后续动力分析，不同 DCR 对应的位移时程曲线如图 5.21 所示（D-m 表示 DCR=m 时对应的动态位移时程曲线，S 表示不同 DCR 对应的静力平衡状态位置），且位移结果分析如表 5.2 所示。对 4 个子结构进行非线性静力推覆分析，得到各自的承载力-位移曲线，如图 5.22 所示。从图 5.22 中可以得到与不同 Δ_D 相对应的荷载 $P+F$，由此可分别计算不同 DCR 状态下荷载动力放大系数 R_L，如表 5.2 所示。需要特别说明的是，本小节中未给出 30°子结构在 DCR=1.0 情况下的计算结果，这是因为此时子结构已发生整体失稳破坏。

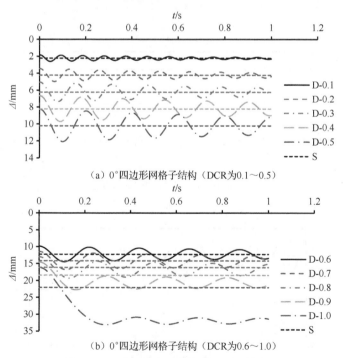

（a）0°四边形网格子结构（DCR 为 0.1～0.5）

（b）0°四边形网格子结构（DCR 为 0.6～1.0）

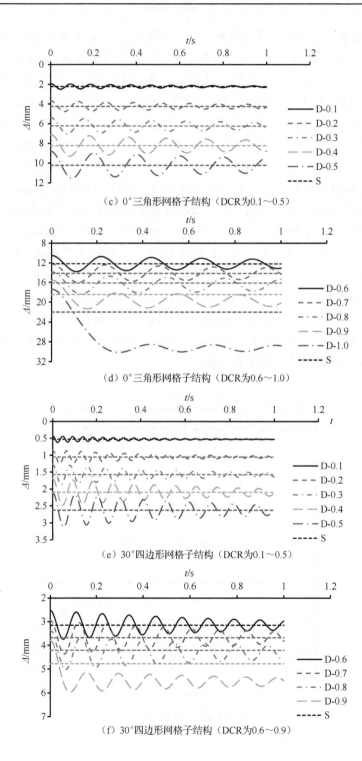

（c）0°三角形网格子结构（DCR为0.1～0.5）

（d）0°三角形网格子结构（DCR为0.6～1.0）

（e）30°四边形网格子结构（DCR为0.1～0.5）

（f）30°四边形网格子结构（DCR为0.6～0.9）

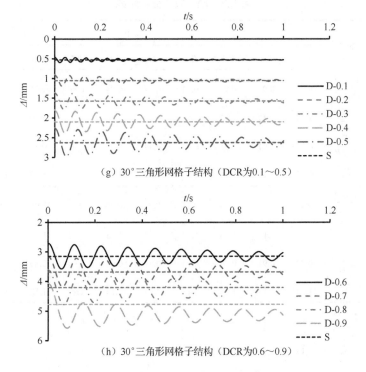

（g）30°三角形网格子结构（DCR为0.1～0.5）

（h）30°三角形网格子结构（DCR为0.6～0.9）

图 5.21　不同 DCR 对应的位移时程曲线

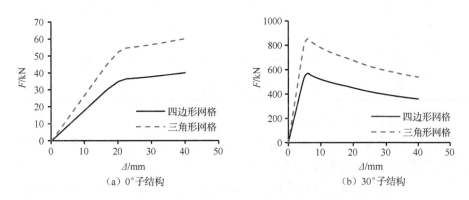

（a）0°子结构

（b）30°子结构

图 5.22　4 个子结构承载力-位移曲线

表 5.2　动力效应分析结果

子结构类型		分析结果	DCR									
			0.1	0.2	0.3	0.4	0.5	0.6	0.7	0.8	0.9	1.0
0°子结构	四边形网格	$\dfrac{\varDelta_D - \varDelta_s}{\varDelta_s - \varDelta_o}$	0.92	0.91	0.94	0.94	0.94	0.94	0.94	1.01	1.10	1.88
		R_d	1.17	1.17	1.18	1.18	1.18	1.18	1.18	1.20	1.23	1.50
		$\dfrac{F}{1/5\,P}$	0.92	0.91	0.94	0.94	0.94	0.94	0.92	0.83	0.61	0.32
		R_L	1.18	1.18	1.19	1.19	1.19	1.19	1.18	1.17	1.12	1.06
	三角形网格	$\dfrac{\varDelta_D - \varDelta_s}{\varDelta_s - \varDelta_o}$	0.92	0.91	0.94	0.94	0.94	0.94	0.94	1.00	1.02	1.76
		R_d	1.12	1.12	1.13	1.13	1.13	1.13	1.13	1.14	1.16	1.37
		$\dfrac{F}{1/7\,P}$	0.92	0.91	0.94	0.94	0.94	0.94	0.94	0.85	0.69	0.32
		R_L	1.13	1.13	1.13	1.13	1.13	1.13	1.13	1.12	1.10	1.05
30°子结构	四边形网格	$\dfrac{\varDelta_D - \varDelta_s}{\varDelta_s - \varDelta_o}$	0.86	0.91	0.94	0.91	0.94	0.92	0.94	0.96	1.21	—
		R_d	1.17	1.18	1.19	1.18	1.19	1.18	1.19	1.19	1.25	—
		$\dfrac{F}{1/5\,P}$	0.87	0.91	0.94	0.90	0.93	0.92	0.88	0.82	0.45	—
		R_L	1.17	1.18	1.19	1.18	1.19	1.18	1.18	1.16	1.09	—
	三角形网格	$\dfrac{\varDelta_D - \varDelta_s}{\varDelta_s - \varDelta_o}$	0.86	0.91	0.94	0.90	0.94	0.92	0.94	0.94	1.10	—
		R_d	1.12	1.13	1.13	1.13	1.13	1.13	1.13	1.13	1.17	—
		$\dfrac{F}{1/7\,P}$	0.88	0.91	0.94	0.90	0.93	0.92	0.90	0.80	0.47	—
		R_L	1.13	1.13	1.13	1.13	1.13	1.13	1.13	1.11	1.07	—

对比图 5.21 位移时程曲线发现：

（1）四边形网格子结构的振幅明显大于三角形网格子结构，是因为后者的杆件较前者增加两根，结构冗余度更大。

（2）当子结构进入弹塑性阶段，结构不再以静力平衡状态为中心自由振动，振动的平衡位置远大于弹塑性静力计算得到的位移。

（3）由于使用质量的形式施加荷载，DCR 的增加使子结构的自振周期明显变长。因此，在 DCR 较大情况下，构件失效引起的结构自由振动会明显变缓。此外，30°子结构的结构刚度显著大于 0°子结构，因此自振频率增大较多。

（4）30°子结构的杆件以受轴向压力为主，动力最大位移约为 0°子结构的 1/4，因此此种受力情况的破坏形式常为突然的失稳破坏。

此外，由表 5.2 可知：

（1）当子结构处于弹性阶段时，不考虑初始状态下的位移动力放大系数、荷载动力放大系数与理论分析结果吻合较好，且二者保持一致。

（2）子结构进入弹塑性阶段，随着 DCR 增加，两个动力放大系数不再相等，位移动力放大系数逐渐增大，而荷载动力放大系数逐渐减小，与理论分析结果吻合较好。

（3）考虑初始状态后，虽然位移动力放大系数、荷载动力放大系数在线弹性阶段与弹塑性阶段的变化趋势未发生改变，但两个动力放大系数值均显著减小，与理论分析结论一致，因此必须考虑初始状态的影响。

5.4　动力效应简化模拟方法

5.4.1　基本原理

对于连续倒塌的动力效应，可以直接采用动力分析方法进行考虑。除此之外，为了减少计算量，方便设计人员快速评估结构抗连续倒塌性能，也可采用荷载动力放大系数 R_L 间接模拟动力效应。对于框架结构，先移除重要位置的底层柱，然后放大相邻跨的楼面荷载，进行非线性静力计算，模拟动力效应产生的荷载放大。由于大跨度空间网格结构的受力特性与框架结构相比存在较大差异，框架结构传力路径明确，由楼板传递至主次梁，紧接着再到框架柱，而空间网格结构的传力路径受曲面形式影响较大。此外，大跨度空间网格结构移除的重要构件不同于框架结构的承重柱，后者主要承受的是竖向荷载，而前者常为轴向拉力或压力，受力方向多变。因此，本节提出适用于空间网格结构的连续性倒塌动力效应简化模拟方法：首先计算得到结构的初始平衡状态，然后用杆件内力替换重要构件，再反向施加拟放大的杆件内力。此时，若简化模拟方法得到的静力位移状态与非线性动力 AP 法得到的动力最大位移状态一致，则说明动力效应简化模拟方法准确可靠。

采用此方法对大跨度空间网格结构进行数值模拟分析，需要确定荷载动力放大系数 R_L 的具体取值：采用考虑施工效应的非线性静力 AP 法进行分析，以杆件内力放大 2 倍为目标，设置合理大小的增量步，得到不同 R_L 对应的静力位移状态，与动力最大位移状态进行比较，最终确定 R_L 取值。对于不同荷载状态，R_L 取值存在较大差异，因此本节将对不同荷载状态的单层网壳结构进行分析，给出 R_L 的合理取值范围。

5.4.2　算例分析

只有在上述分析方法得到的静力位移状态与非线性动力 AP 法得到的动力最大位移状态基本一致的情况下，才能使用该方法代替非线性动力分析方法。为检验上述方法的合理性，采用图 5.23 所示的单层网壳模型[球面网壳（跨度 40m，矢跨比 1/5）、柱面网壳（跨度 15m，矢跨比 1/5）、双曲抛物面网壳（跨度 40m，矢跨比 1/5）]进行验证。采用 5.1 节所述基于初选范围的多重响应分析法选取重要构件，重要构件位置及编号见图 5.23。三种网壳均选用 Q235 钢材，且采用双线性等向强化本构模型进行分析（强化段切线模量 E_t 取 0.01E）。杆件自重通过有限元软件 ABAQUS 自动计算，节点自重取杆件重量的 25%，屋面覆盖材料（1.5kN/m^2）及活载（0.5kN/m^2）均等效为节点荷载施加于结构上，荷载组合采用 1.2 倍恒载+0.5 倍活载[9,10]，具体杆件尺寸如表 5.3 所示（杆件截面规格选自文献[11]）。

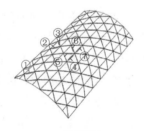
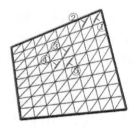

| （a）球面网壳 | （b）柱面网壳 | （c）双曲抛物面网壳 |

图 5.23　三种单层网壳模型

表 5.3　三种单层网壳模型杆件尺寸

杆件类型	球面网壳		柱面网壳		双曲抛物面网壳	
	主肋、纬杆	斜杆	纵杆、端杆	斜杆	弦杆	边梁
截面尺寸/（mm×mm）	121×3.5	114×3	89×4	140×6	180×7	630×16

分别使用考虑施工效应的非线性动、静力 AP 法对三种单层网壳结构进行对比分析，给出荷载动力放大系数 R_L 取值，分别如图 5.24、图 5.25、图 5.26 所示（各分图左侧为动力最大位移云图，右侧为静力位移云图）。其中，动力最大位移云图是依据各节点在整个动力过程中的最大位移绘制得到，充分展现结构在连续倒塌过程中的动力效应。

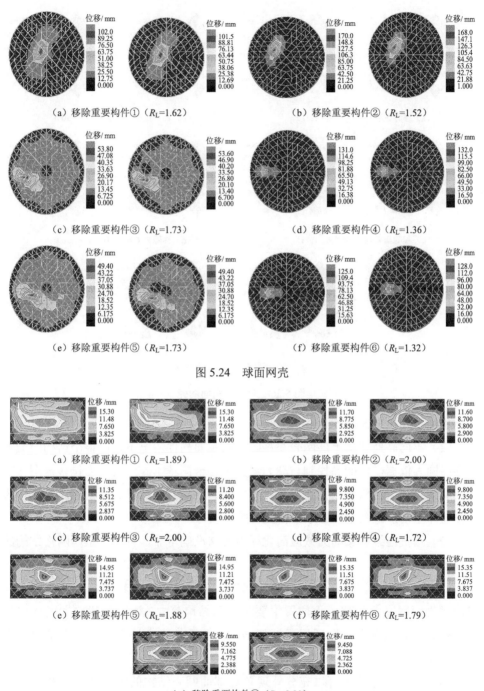

（a）移除重要构件①（R_L=1.62）　　　　（b）移除重要构件②（R_L=1.52）

（c）移除重要构件③（R_L=1.73）　　　　（d）移除重要构件④（R_L=1.36）

（e）移除重要构件⑤（R_L=1.73）　　　　（f）移除重要构件⑥（R_L=1.32）

图 5.24　球面网壳

（a）移除重要构件①（R_L=1.89）　　　　（b）移除重要构件②（R_L=2.00）

（c）移除重要构件③（R_L=2.00）　　　　（d）移除重要构件④（R_L=1.72）

（e）移除重要构件⑤（R_L=1.88）　　　　（f）移除重要构件⑥（R_L=1.79）

（g）移除重要构件⑦（R_L=2.00）

图 5.25　柱面网壳

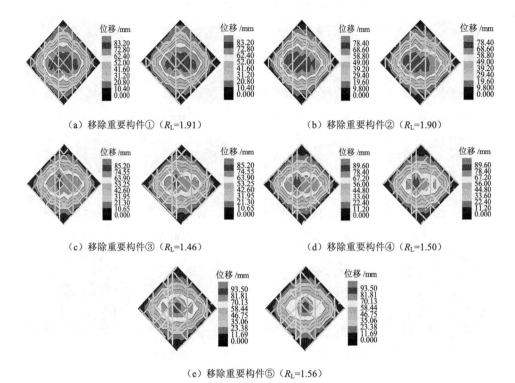

（a）移除重要构件①（R_L=1.91）　　　　（b）移除重要构件②（R_L=1.90）

（c）移除重要构件③（R_L=1.46）　　　　（d）移除重要构件④（R_L=1.50）

（e）移除重要构件⑤（R_L=1.56）

图 5.26　双曲抛物面网壳

由图 5.24～图 5.26 分析：

（1）不同高斯曲率单层网壳在移除不同重要构件情况下，以整个结构的最大位移相同为依据，均能寻找到与动力最大位移云图基本一致的静力位移云图（放大荷载 R_L 倍）。尽管在个别重要构件移除后，其动静力位移云图的总体分布模式存在些许差别，但图中位移最大位置均吻合较好。

（2）该抗连续倒塌动力效应简化模拟方法准确可靠，可用于空间网格结构的抗连续倒塌分析。

（3）对于球面网壳，与失效构件邻近位置的位移放大较多，而柱面网壳与双曲抛物面网壳的位移放大位置主要集中在结构跨中，说明荷载放大区域与失效构件并无直接关联，即适用于框架结构的荷载放大方法不再适用于单层网壳结构。

（4）上述计算结果可以充分体现单层球面网壳结构的优异性能，在构件失效后仅局部区域受到影响，有足够的备用路径分配不平衡荷载。

5.4.3　荷载动力放大系数的取值范围

为了得到荷载动力放大系数 R_L 的合理取值范围，本小节针对不同曲面形式、不同重要构件失效及不同荷载状态进行计算，得到图 5.27 所示计算结果（不同 DCR 对应的 R_L）。

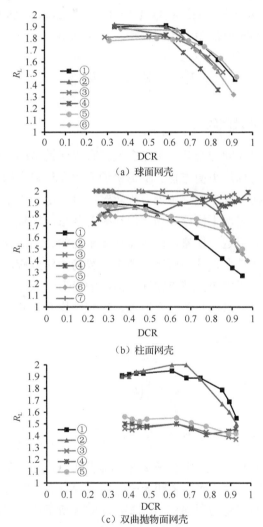

（a）球面网壳

（b）柱面网壳

（c）双曲抛物面网壳

图 5.27　荷载动力放大系数 R_L 计算结果

通过以上分析，可得以下结论：

（1）尽管结构形式和失效构件不同，R_L 随着 DCR 变化的趋势大体一致，在 DCR 较小时，R_L 基本保持不变；当 DCR 较大时，R_L 随着 DCR 增大而逐渐减小。

需要特别说明的是，双曲抛物面网壳杆件③、④、⑤的 R_L 始终保持在较低水平，且上述杆件均位于跨中位置，说明双曲抛物面网壳跨中位置刚度较低，动力效应有限；而柱面网壳的杆件④和⑦在结构中主要起拉结作用，杆件是否移除对结构位移及应力分布影响较小，没有 R_L 减小的过程。

（2）对于单层网壳结构，当 DCR<0.7 时，荷载动力放大系数 R_L 的计算结果基本分布在 1.7～1.9，因此建议 R_L 取 1.7～1.9；当 DCR > 0.9 时，此时结构接近倒塌，塑性发展较为充分，动力效应较小，建议 R_L 取 1.4～1.6。

5.5　多尺度模型

5.5.1　多尺度模型关键问题

两种不同尺度单元间的合理连接是多尺度有限元模型的关键所在。理想状况下，连接面处单元需满足平衡方程、变形协调方程和材料本构方程。但是，由于单元类型不同，平衡方程与变形协调方程较难同时满足。当采用力平衡方式连接时，界面处变形可能出现不协调，局部出现畸变现象。以位移一致为原则，连接不同单元能够有效避免这一现象，即实体或壳单元的连接面变形完全由梁单元的连接点控制，连接面符合平截面假定。考虑材料的泊松效应，位移一致原则在一定程度上约束了实体或壳单元节点在连接面内的变形。因此，连接面应与微观响应区域保持适当距离，以满足圣维南原理，得到结构有限元计算的最优近似解，具体关系式为

$$\sigma_{ij,j} + f_i = 0 \tag{5.28}$$

$$\varepsilon_{ij} = \frac{1}{2}\left(u_{i,j} + u_{j,i}\right) \tag{5.29}$$

$$\varepsilon_{ij} = \frac{1+\mu}{E}\sigma_{ij} - \frac{\mu}{E}\delta_{ij}\sigma \tag{5.30}$$

式中，应力 σ、应变 ε、外力 f 和位移 u 采用张量形式表示；E 和 μ 分别为弹性模量和泊松比，三个方向的正应力之和 $\sigma = \sigma_{11} + \sigma_{22} + \sigma_{33}$；$\delta_{ij}$ 为克罗内克符号。

考虑实际杆件两端受力原理相同，选用图 5.28 所示底部固定的悬臂杆件进行对比分析。在顶部施加相同位移荷载，材料属性设置参考表 2.1，应力计算结果见图 5.29。可见，使用位移一致原则连接的多尺度有限元模型与全部采用壳单元的精细有限元模型吻合较好，最大应力基本一致。此外，由于力平衡方式在连接面处缺乏有效的横向约束，受压侧出现失稳现象，杆件整体变形失真。

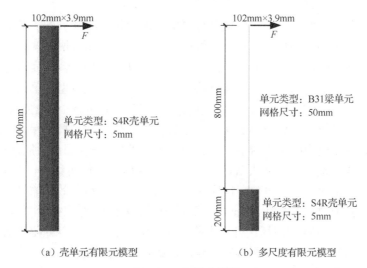

（a）壳单元有限元模型　　　　　　　　（b）多尺度有限元模型

图 5.28　有限元模型

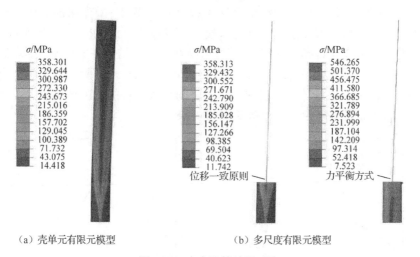

（a）壳单元有限元模型　　　　　　　　（b）多尺度有限元模型

图 5.29　应力计算结果对比

5.5.2　多尺度模型验证

　　通过位移一致原则建立第 2 章中三角形网格两类子结构的多尺度有限元模型，与试验结果及壳单元有限元模型进行对比，以说明多尺度有限元模型的正确性。试验中杆件断裂和局部受压屈曲均发生于杆件端部 1 倍直径长度范围内，在此基础上，再增加 1 倍直径长度建立精细有限元模型以满足圣维南原理。因此杆件两端 200mm 范围及内衬管，采用网格尺寸为 5mm 的 S4R 壳单元建模，且在杆件其余位置采用 B31 梁单元模拟，网格尺寸为 50mm。对于壳单元模型，杆件其余位置同样选用 S4R 壳单元，网格尺寸 20mm。两种不同尺寸壳单元间通过 100mm

长度的过渡段进行连接。多尺度模型与壳单元模型的空心球节点均采用 20mm 的 S4R 壳单元划分网格。此外，试验过程中空心球节点未出现明显变形，为了节约计算资源，将不同尺度模型的节点定义为刚体，其余部分与多尺度有限元模型一致。与壳单元模型对比，试件 R-0-D 刚节点多尺度有限元模型的单元总数减少了 11724，同时试件 R-30-D 刚节点多尺度有限元模型单元也减少了 13380。

杆件的材料属性依据表 2.1 实测值设置，内衬管材性与杆件保持一致，多尺度模型与壳单元模型的空心球节点定义为理想弹性体。杆件屈曲后期及杆件断裂，均伴随着材料的损伤累积和失效，因此需要设置材料的损伤参数。参考文献[12]的建议方法，将起始损伤等效塑性应变设置为 0.12，材料失效时的等效塑性应变定义为 0.26，网格尺寸为 5mm 的端部壳单元失效时对应的等效塑性位移为 0.7mm。试件 R-30-D 的破坏由杆件失稳引起，结构的初始几何缺陷不容忽视。有限元模型的几何缺陷按照实测值进行施加，缺陷最大值约为 8mm，分布模式与结构的前两阶屈曲模态叠加基本一致。

图 5.30 为承载力-位移曲线试验与 3 种有限元模型计算结果的对比。对于试件 R-0-D，试验与有限元模型计算的承载力-位移曲线吻合较好，误差保持在 6% 以内。试件 R-30-D 的有限元模型计算峰值荷载与试验结果基本保持一致，但计算峰值荷载对应位移仅为 6mm，与试验位移相差 31.2mm。试验的较大竖向位移是由空间自平衡加载系统的变形引起。尽管竖向加载位移的试验结果远大于计算结果，但 31.2mm 误差仅为子结构跨度 4m 的 7.8‰。

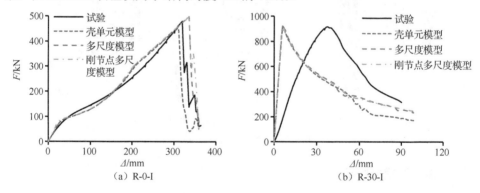

图 5.30　承载力-位移曲线试验与 3 种有限元模型计算结果的对比

有限元分析结构模型的失效模式应力云图如图 5.31 所示。与试验失效模式吻合较好，试件 R-0-I 的杆件断裂位置和试件 R-30-I 的杆件屈曲形态均能与有限元分析结果吻合。试件 R-0-I 峰值荷载对应的杆件首次断裂位置与有限元模型完全一致，后续杆件断裂的发生与实际情况也较吻合。试件 R-30-I 在有限元分析中的首个屈曲杆件与试验情况相同，且最终的杆件失稳形态与试验基本一致。说明在合理施加初始几何缺陷的情况下，多尺度有限元模型能较好地模拟结构失稳破坏。

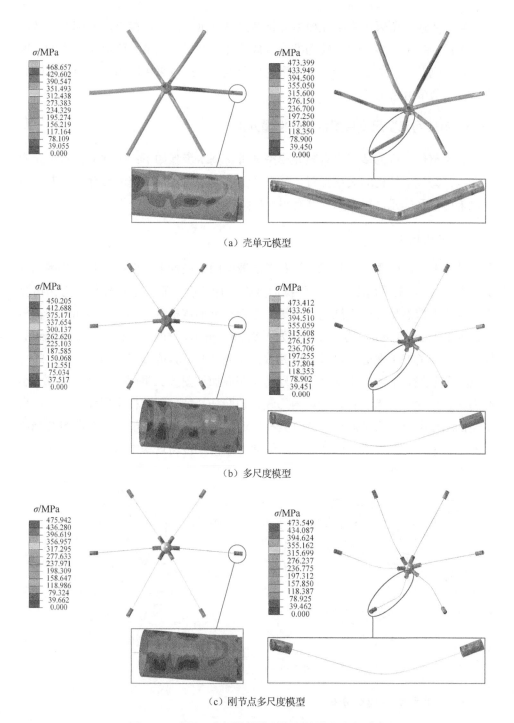

图 5.31　有限元分析结构模型的失效模式应力云图

综上所述，所采用有限元模型分析结果准确可靠，多尺度有限元模型在节约计算资源的基础上能够得到较为准确合理的计算结果。在节点刚度足够大的情况下，使用刚节点能够进一步减少模型的单元数，因此可采用刚节点多尺度有限元模型进行数值分析。

5.5.3　单层网壳多尺度模型抗连续倒塌分析

对于整体结构的多尺度有限元模型分析，基本步骤如下：①建立杆系单元宏观模型；②找出结构的关键位置；③在关键位置采用实体或壳单元建模，其余位置仍采用杆系单元，得到多尺度有限元模型；④抗连续倒塌分析。

1. 分析模型

选用 Kiewitt6 型、短程线型两种单层球面网壳进行多尺度模型抗连续倒塌分析（图 5.32）。采用两组不同杆件截面规格进行分析，研究不同杆件应力比情况下，结构对偶然事件的抵抗能力。第 1 组斜杆截面规格为 114mm×3mm，环杆与肋杆为 121mm×3.5mm；第 2 组斜杆为 140mm×6mm，环杆与肋杆为 146mm×5mm。杆件均采用 Q235 钢材，材料属性参数依据表 2.1 实测值设置。将 1.2 倍恒载与 0.5 倍活载进行组合，以静力荷载方式满跨施加于图 5.32 网壳上[9,10]，荷载大小约为 2.5kN/m^2。失效构件均选取内力较大的肋杆，且失效肋杆位置保持一致。为避免倒塌模拟收敛困难问题，通过数据传递的方式将隐式求解器计算所得初始应力变形状态传递至显式求解器进行后续动力分析。传递过程中移除失效肋杆，结构的阻尼比设为 0.03。

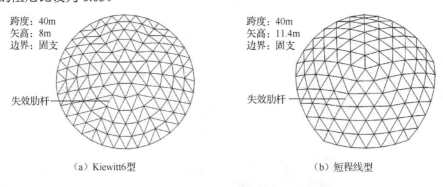

跨度：40m　矢高：8m　边界：固支　　失效肋杆

跨度：40m　矢高：11.4m　边界：固支　　失效肋杆

（a）Kiewitt6 型　　　　　　　　　　　（b）短程线型

图 5.32　单层球面网壳

2. 梁单元整体模型分析

图 5.33 为初始应力状态下梁单元结构模型应力云图。Kiewitt6-1 模型表示采

用第 1 组杆件截面的 Kiewitt6 型网壳模型，以此类推。初始应力状态下增大杆件截面后最大应力减半，结构冗余度增加。较小杆件截面在移除失效肋杆后，结构局部破坏不断扩散，引起整体垮塌，连续倒塌过程如图 5.34 所示。与此不同的是，增大杆件截面有效阻止了结构的连续倒塌，图 5.35 为在动力过程中应力达到最大值时刻的应力云图，此时仅部分区域进入屈服状态，大部分仍处于弹性状态。

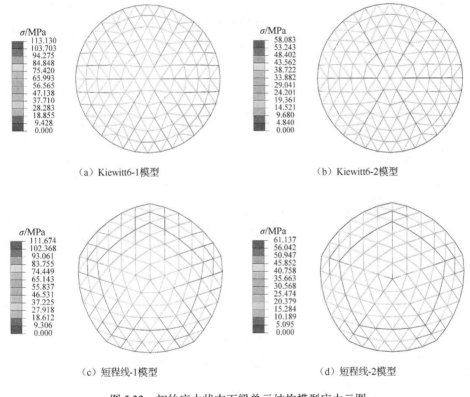

（a）Kiewitt6-1模型　　　　　　　　　　（b）Kiewitt6-2模型

（c）短程线-1模型　　　　　　　　　　（d）短程线-2模型

图 5.33　初始应力状态下梁单元结构模型应力云图

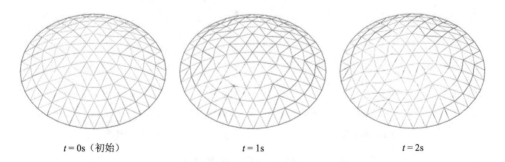

$t=0\mathrm{s}$（初始）　　　　　　　　　$t=1\mathrm{s}$　　　　　　　　　$t=2\mathrm{s}$

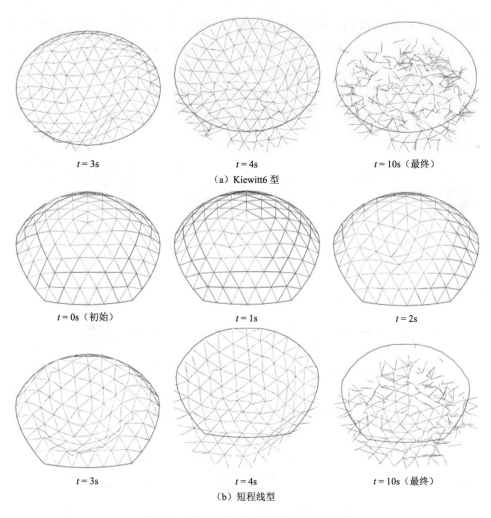

$t = 3\text{s}$　　　　　　　　$t = 4\text{s}$　　　　　　　　$t = 10\text{s}$（最终）

（a）Kiewitt6 型

$t = 0\text{s}$（初始）　　　　　$t = 1\text{s}$　　　　　　　　$t = 2\text{s}$

$t = 3\text{s}$　　　　　　　　$t = 4\text{s}$　　　　　　　　$t = 10\text{s}$（最终）

（b）短程线型

图 5.34　较小杆件截面模型连续倒塌过程

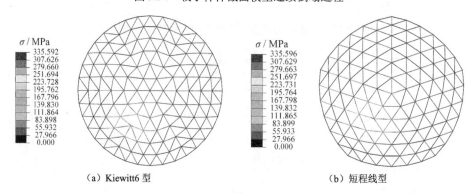

（a）Kiewitt6 型　　　　　　　　　　　　　　　（b）短程线型

图 5.35　增大杆件截面模型应力云图

　　尽管杆件截面不同会导致结构响应出现差异，但与失效肋杆直接相连的节点是受局部破坏影响最大的区域。当杆件截面较小时，倒塌始于此节点的失稳。增大杆件截面后，相连节点位置应力发展较为充分。因此，将与失效肋杆直接相连节点作为结构的关键位置，建立多尺度有限元模型。

　　值得注意的是，对于跨度 40m 的单层球面网壳，不同网格形式的网壳在肋杆失效后，节点失稳及应力发展充分位置会有差异。Kiewitt6 型网壳集中于失效肋杆的下部节点，而短程线型网壳发生在上部节点。说明变换杆件的空间几何拓扑关系，能够改变备用荷载传递路径，通过合理设计可以有效改善网壳结构的传力路径。

3. 多尺度模型分析

　　刚节点单层网壳多尺度有限元模型如图 5.36 所示。对于第 1 组杆件，空心球节点对应的较小截面尺寸为 300mm×8mm 的圆管，而第 2 组截面规格为 400mm×12mm 的圆管。通过试算发现，杆件端部使用壳单元建模的长度可近似取截面直径的 2 倍。因此，两组杆件分别在端部 200mm 和 300mm 范围内，采用尺寸 20mm 的 S4R 壳单元建立模型。此外，杆件中梁单元 B31 的网格尺寸为 250mm。

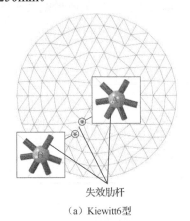
（a）Kiewitt6 型

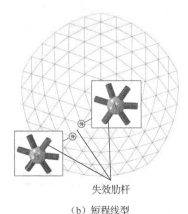
（b）短程线型

图 5.36　刚节点单层网壳多尺度有限元模型

　　增大杆件截面后多尺度有限元模型的最大应力云图如图 5.37 所示，与梁单元模型的计算结果（图 5.35）吻合较好。应力分布模式及最大应力值基本一致，且多尺度有限元模型能够细致显示局部应力分布，便于分析结构失效的起始位置。局部应力分布显示，在肋杆失效后，相邻杆件主要通过梁机制抵抗不平衡荷载，杆件上下表面是将要发生破坏的危险区域。

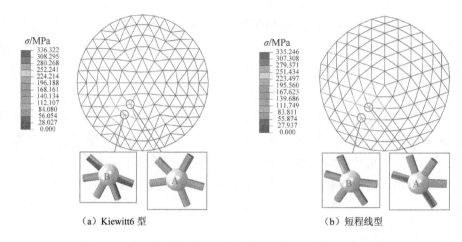

图 5.37　增大杆件截面后多尺度有限元模型的最大应力云图

图 5.38 对比了选用较小杆件截面（第 1 组杆件截面）时的位移计算结果，图中位移急剧增加是因为结构发生了连续倒塌。多尺度-A 表示采用刚节点多尺度有限元模型计算得到的节点 A 位移结果，以此类推。在采用多尺度有限元模型计算时，Kiewitt6 型球面网壳能够完成荷载重分布，并未发生与梁单元模型相同的整体垮塌，最大应力云图见图 5.39。对于短程线型球面网壳，多尺度有限元模型连续倒塌过程见图 5.40。可见，多尺度有限元模型在局部失效位置的刚度略大于梁单元模型，导致位移发展稍有滞后。

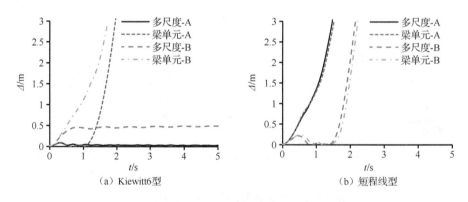

图 5.38　选用较小杆件截面时的位移计算结果对比

上述分析中，抗连续倒塌能力与刚度出现差异，是因为多尺度有限元模型建立了符合实际的空心球节点，进而使杆件长度接近真实情况，梁机制提供的竖向承载力及杆件线刚度均有所提升。因此，多尺度有限元模型分析可较好地模拟实际情况。虽然 Kiewitt6 型球面网壳的矢高较低，但其抗连续倒塌性能优于短程线型网壳。肋杆失效时，Kiewitt6 型球面网壳表现出良好的荷载重分布能力。

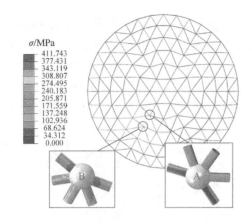

图 5.39　Kiewitt6 型球面网壳最大应力云图

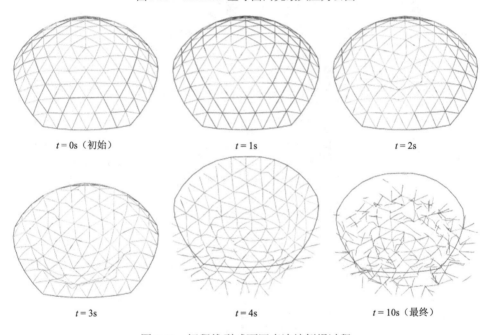

图 5.40　短程线型球面网壳连续倒塌过程

5.6　损伤参数的影响

5.6.1　网壳倒塌过程

尽管网格形式不同，但是通过分析发现重要构件的分布区域是相同的，即连续倒塌的薄弱环节相同。Kiewitt6 型网壳的动态位移响应最大，因此以 Kiewitt6 型网壳为对象，分析损伤参数的影响。

基于上述杆件重要性分析,可知第三环的肋杆为 Kiewitt6 型网壳的重要构件。图 5.41 为拆除该肋杆后动力过程的应力云图。结构在动力过程中的最大应力较初始状态增加了 2.76 倍,振动结束后结构仍处于弹性状态。此外,失效构件底部区域受其影响相对较大,失效构件顶、底部节点 M、N 位移时程曲线如图 5.42 所示。显然在移除单根重要构件工况下,结构未发生连续倒塌,变形基本限制在移除杆件周边区域。

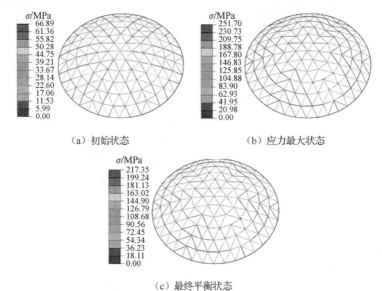

（a）初始状态　　　　　　　　　（b）应力最大状态

（c）最终平衡状态

图 5.41　拆除重要肋杆后动力过程的应力云图

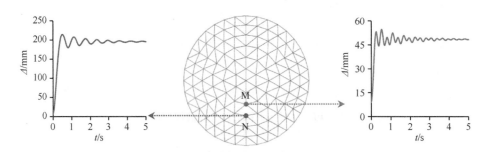

图 5.42　失效构件顶、底部节点 M、N 位移时程曲线

通过逐个移除单根杆件分析能够较为全面地反映结构的抗连续倒塌能力,但是偶然事件引起的局部破坏往往不会局限于单根杆件。图 5.43 为重要区域失效工况下的动力过程,该区域为与第三环肋杆直接相连杆件区域。结构整体失稳后节点位移迅速增大,结构多处出现局部杆件失稳现象。这是一个典型的连续倒塌过程,局部区域失效不断扩展,最后引起不成比例的整体倒塌。

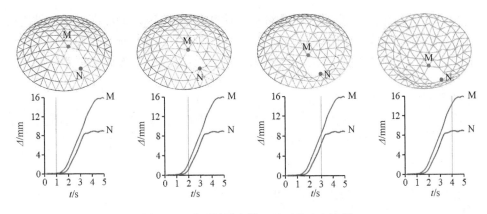

图 5.43　重要区域失效工况下的动力过程

5.6.2　材料损伤断裂参数分析

若未考虑材料的损伤断裂问题，网壳的倒塌过程与实际相差较大。在大变形工况下，杆件端部弯曲变形严重，导致杆件断裂。材料损伤断裂参数难以准确测定，本小节将介绍材料损伤断裂的参数分析，为后续倒塌模拟提供依据。损伤断裂模拟与两个关键材料参数密切相关，即起始损伤等效塑性应变 $\overline{\varepsilon}_0^{pl}$ 和材料断裂等效塑性应变 $\overline{\varepsilon}_f^{pl}$ [13]。$\overline{\varepsilon}_0^{pl}$ 决定了材料开始出现损伤的时刻，材料最终的断裂失效由 $\overline{\varepsilon}_f^{pl}$ 控制。在属性参数设置中，$\overline{\varepsilon}_f^{pl}$ 需要转化为塑性位移 $\overline{u}_f^{pl}$，塑性位移 $\overline{u}_f^{pl}$ 等于两个等效塑性应变参数的差值与网格尺寸的乘积。

不同起始损伤等效塑性应变算例分析如表 5.4 所示。$\overline{\varepsilon}_0^{pl}$ 从 0.01 递增至 0.3，不考虑材料损伤演化过程，可以更加直接研究 $\overline{\varepsilon}_0^{pl}$ 对倒塌过程的影响。因此，$\overline{\varepsilon}_f^{pl}$ 与 $\overline{\varepsilon}_0^{pl}$ 保持一致，塑性位移 $\overline{u}_f^{pl}$ 为零。在网壳正下方 10m 处建立刚性平面，模拟实际地面。倒塌过程单元会出现接触和碰撞行为，因此需要设置单元间的接触关系。考虑到整个模型接触位置较多，采用通用接触方法设置接触关系，接触关系设为法向硬接触切向无摩擦。

表 5.4　不同起始损伤等效塑性应变算例分析

参数	算例					
	U1	U2	U3	U4	U5	U6
$\overline{\varepsilon}_0^{pl}$	0.01	0.02	0.05	0.1	0.2	0.3
$\overline{\varepsilon}_f^{pl}$	0.01	0.02	0.05	0.1	0.2	0.3
$\overline{u}_f^{pl}$ /mm	0	0	0	0	0	0

在重要区域失效工况下，算例 U1～U6 的连续倒塌过程如图 5.44 所示。随着起始损伤等效塑性应变 $\overline{\varepsilon}_0^{pl}$ 的增大，开始发生断裂的杆件出现时间逐渐推迟。当 $\overline{\varepsilon}_0^{pl}$

为 0.01 时，首个断裂杆件出现在局部失效后的 0.79s。当 $\overline{\varepsilon}_0^{pl} \geqslant 0.2$ 后，整体结构在倒塌过程中没有出现杆件断裂现象。算例 U1 的断裂杆件出现在重要区域上部杆件，而算例 U2、U3 的断裂在下部区域出现。因此，最终失效模式相差较大。

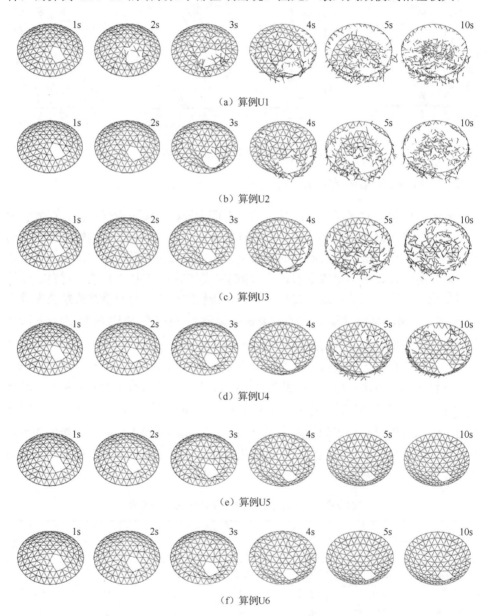

（a）算例U1

（b）算例U2

（c）算例U3

（d）算例U4

（e）算例U5

（f）算例U6

图 5.44　算例 U1～U6 的连续倒塌过程

图 5.45 为算例 U1～U6 的动能时程曲线。局部失效后结构动能增加缓慢，约

4s 时达到最大值。随着起始损伤等效塑性应变 $\overline{\varepsilon}_o^{pl}$ 的增大，动能的增加速度逐渐减缓。需要特别说明的是，算例 U1 的倒塌过程不是最为迅速，节点 N 的位移滞后于其他算例（图 5.46）。节点 M、N 的位移在后期不再增加，说明倒塌已经完成。

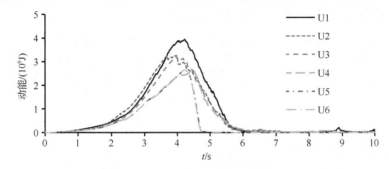

图 5.45　算例 U1～U6 的动能时程曲线

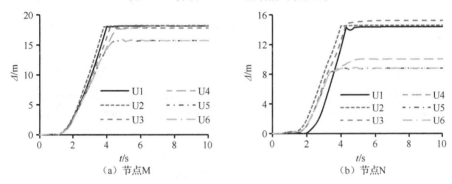

图 5.46　算例 U1～U6 的位移时程曲线

算例 U4 的倒塌过程最接近实际倒塌过程[6]，基于算例 U4，建立不同材料断裂等效塑性应变 $\overline{\varepsilon}_f^{pl}$ 算例，如表 5.5 所示。$\overline{\varepsilon}_f^{pl} - \overline{\varepsilon}_o^{pl}$ 从 0.01 递增至 0.3，由梁单元 B31 的网格尺寸为 250mm 可分别计算塑性位移 $\overline{u}_f^{pl}$。

表 5.5　不同材料断裂等效塑性应变算例分析

参数	算例					
	V1	V2	V3	V4	V5	V6
$\overline{\varepsilon}_o^{pl}$	0.1	0.1	0.1	0.1	0.1	0.1
$\overline{\varepsilon}_f^{pl}$	0.11	0.12	0.15	0.2	0.3	0.4
$\overline{\varepsilon}_f^{pl} - \overline{\varepsilon}_o^{pl}$	0.01	0.02	0.05	0.1	0.2	0.3
$\overline{u}_f^{pl}$ /mm	2.5	5.0	12.5	25.0	50.0	75.0

算例 V1～V6 的连续倒塌过程如图 5.47 所示。因为 6 个算例的起始损伤等效塑性应变 $\overline{\varepsilon}_o^{pl}$ 均为 0.1，所以在重要区域失效后的 4s 内宏观现象基本相同。算

例 V1～V4 的 $\overline{\varepsilon}_{\mathrm{f}}^{\mathrm{pl}}-\overline{\varepsilon}_{0}^{\mathrm{pl}}$ 值相对较小，≤0.1，故算例模型均在周边支座位置出现杆件断裂。随着 $\overline{\varepsilon}_{\mathrm{f}}^{\mathrm{pl}}-\overline{\varepsilon}_{0}^{\mathrm{pl}}$ 增大，杆件断裂时间逐渐推迟，但断裂区域基本不变。当 $\overline{\varepsilon}_{\mathrm{f}}^{\mathrm{pl}}-\overline{\varepsilon}_{0}^{\mathrm{pl}}≥0.2$ 后，没有断裂现象出现。综上所述，$\overline{\varepsilon}_{\mathrm{f}}^{\mathrm{pl}}-\overline{\varepsilon}_{0}^{\mathrm{pl}}$ 对倒塌模式影响较小，即材料断裂等效塑性应变 $\overline{\varepsilon}_{\mathrm{f}}^{\mathrm{pl}}$ 对倒塌模式影响较小。

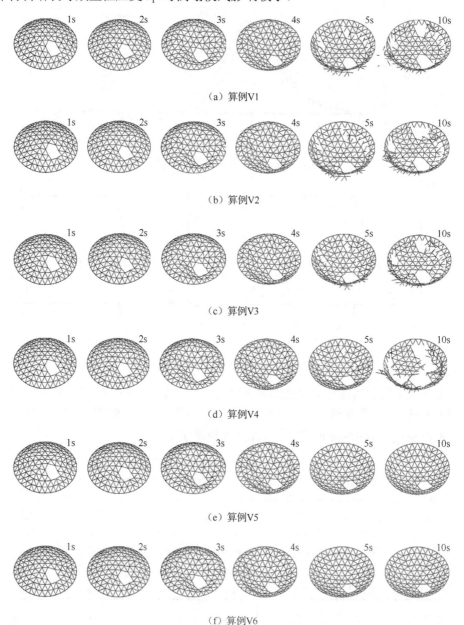

（a）算例V1

（b）算例V2

（c）算例V3

（d）算例V4

（e）算例V5

（f）算例V6

图 5.47　算例 V1～V6 的连续倒塌过程

图 5.48、5.49 分别为算例 V1~V6 的动能时程曲线和位移时程曲线。结果显示，$\bar{\varepsilon}_{\mathrm{f}}^{\mathrm{pl}} - \bar{\varepsilon}_{\mathrm{o}}^{\mathrm{pl}}$ 对结构倒塌过程影响有限，6 个算例的最大动能基本相同。达到动能峰值后，部分动能曲线的平台段由中心网格杆件的水平滑动引起。算例 V5、V6 的杆件没有断裂，倒塌后中心网格没有接触地面，因此动能下降过程较为迅速。此外，位移时程曲线互相吻合较好，同样可以证明 $\bar{\varepsilon}_{\mathrm{f}}^{\mathrm{pl}} - \bar{\varepsilon}_{\mathrm{o}}^{\mathrm{pl}}$ 的影响有限。

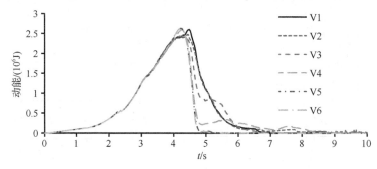

图 5.48　算例 V1~V6 的动能时程曲线

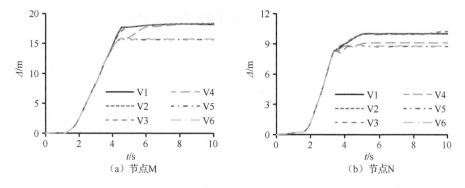

（a）节点 M　　　　　　　　　（b）节点 N

图 5.49　算例 V1~V6 的位移时程曲线

5.6.3　应力三轴度影响分析

对于不同应力三轴度 η，起始损伤等效塑性应变 $\bar{\varepsilon}_{\mathrm{o}}^{\mathrm{pl}}$ 不同[13]。例如，钢材在纯剪状态下（$\eta = 0$）比单轴拉伸状态（$\eta = 1/3$）更容易发生断裂。Lee 和 Wierzbicki[13] 总结并给出了 $\bar{\varepsilon}_{\mathrm{o}}^{\mathrm{pl}}$ 与应力三轴度 η 关系，如式（5.31）所示。当应力三轴度 η 为 $-1/3$ 时，材料处于单轴压缩状态，$\bar{\varepsilon}_{\mathrm{o}}^{\mathrm{pl}}$ 无穷大，材料不断裂。

$$\bar{\varepsilon}_{\mathrm{o}}^{\mathrm{pl}}(\eta) = \begin{cases} \infty, & \eta \leqslant -1/3 \\ C_1 / (1 + 3\eta), & -1/3 < \eta \leqslant 0 \\ C_1 + (C_2 - C_1)(\eta / \eta_{\mathrm{o}})^2, & 0 < \eta \leqslant \eta_{\mathrm{o}} \\ C_2 \eta_{\mathrm{o}} / \eta, & \eta_{\mathrm{o}} < \eta \end{cases} \tag{5.31}$$

式中，C_1、C_2 分别为纯剪（$\eta=0$）和单轴拉伸（$\eta=1/3$）状态的 $\bar{\varepsilon}_o^{pl}$。此外，η_o 等于常数 1/3。C_1、C_2 的取值较难确定，因此同样对其进行参数分析，近似假设 C_1 是 C_2 的 0.52 倍。图 5.50 为三组考虑应力三轴度 η 的起始损伤等效塑性应变。考虑 $\bar{\varepsilon}_f^{pl} - \bar{\varepsilon}_o^{pl}$ 不同，共建立 9 个考虑应力三轴度 η 的 Kiewitt6 型网壳模型算例，如表 5.6 所示。$\bar{\varepsilon}_o^{pl}$ 和 $\bar{\varepsilon}_f^{pl} - \bar{\varepsilon}_o^{pl}$ 均在 0.1 附近取值，以此得到更加真实的倒塌过程。

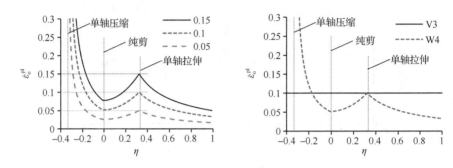

图 5.50　考虑应力三轴度的起始损伤等效塑性应变

表 5.6　考虑应力三轴度等效塑性应变算例分析

参数	算例								
	W1	W2	W3	W4	W5	W6	W7	W8	W9
$\bar{\varepsilon}_o^{pl}$ （$\eta=1/3$）	0.05	0.05	0.05	0.1	0.1	0.1	0.15	0.15	0.15
$\bar{\varepsilon}_f^{pl} - \bar{\varepsilon}_o^{pl}$	0.05	0.1	0.15	0.05	0.1	0.15	0.05	0.1	0.15
$\bar{\varepsilon}_f^{pl}$ / mm	12.5	25.0	37.5	12.5	25.0	37.5	12.5	25.0	37.5

算例 W1～W9 的连续倒塌过程如图 5.51 所示。考虑应力三轴度 η 后，尽管损伤断裂参数较小，杆件断裂不再发生。图 5.52 和图 5.53 中未给出算例 W7～W9 的动能时程曲线和位移时程曲线，因为它们与算例 W4～W6 基本吻合。对比算例 V3 和 W4 的倒塌过程发现，算例 V3 有断裂杆件出现，周边杆件断裂后中心网格坠落至地面。图 5.50 对比了两个算例的起始损伤等效塑性应变 $\bar{\varepsilon}_o^{pl}$。当应力三轴度 η 为 1/3 时，两个算例的起始损伤等效塑性应变 $\bar{\varepsilon}_o^{pl}$ 相同，在其他应力三轴度 η 时两个算例取值不同。

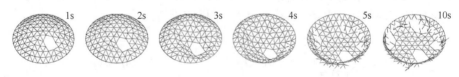

（a）算例W1

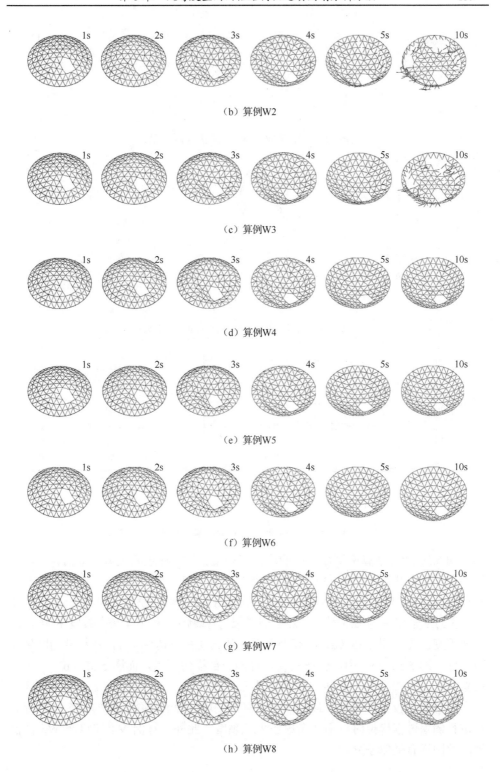

（b）算例W2

（c）算例W3

（d）算例W4

（e）算例W5

（f）算例W6

（g）算例W7

（h）算例W8

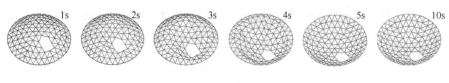

（i）算例W9

图 5.51　算例 W1～W9 的连续倒塌过程

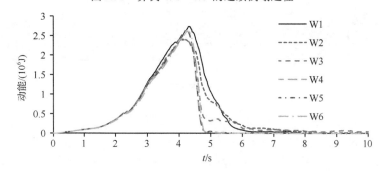

图 5.52　算例 W1～W6 的动能时程曲线

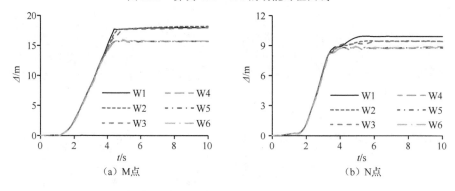

（a）M点　　　　　　　　　　　　　（b）N点

图 5.53　算例 W1～W6 的位移时程曲线

　　图 5.54 为两个算例倒塌过程的应力三轴度云图。在重要区域失效前，大部分杆件处于受压状态（η =-1/3）。局部失效后大部分杆件的应力三轴度 η 从-1/3 逐渐递增为 1/3，说明杆件内力逐渐由压力转为拉力。由于模型采用梁单元 B31 建立，应力三轴度 η 为-1/3～1/3。图 5.55 对比了算例 V3 和 W4 在失效发生 4s 后的损伤程度云图。图 5.55（a）中有部分单元的损伤程度达到了 1，该杆件为断裂失效构件。图 5.55（a）中，受压失稳杆件的中部损伤严重，而图 5.55（b）中相同位置杆件基本没有损伤出现。考虑应力三轴度 η 后，受压杆件损伤程度减轻，不出现断裂，较符合实际。最后，两个算例倒塌过程的位移云图如图 5.56 所示，在进行倒塌过程模拟时，需要考虑应力三轴度。此外，算例 V4 和算例 W5 的倒塌过程同样有类似差异。

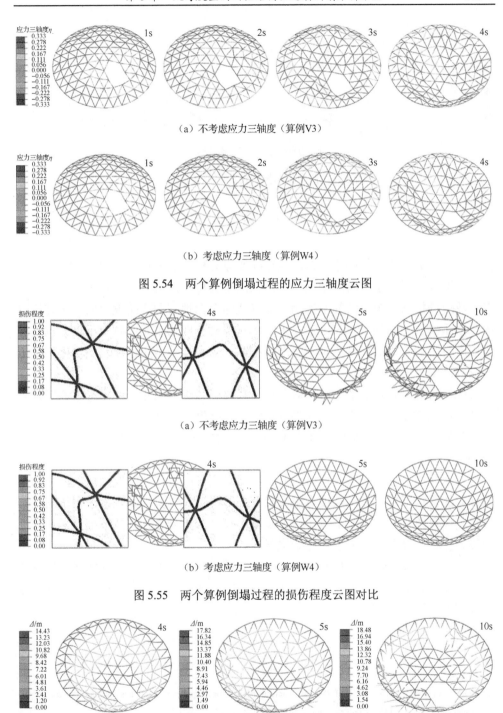

（a）不考虑应力三轴度（算例V3）

（b）考虑应力三轴度（算例W4）

图 5.54　两个算例倒塌过程的应力三轴度云图

（a）不考虑应力三轴度（算例V3）

（b）考虑应力三轴度（算例W4）

图 5.55　两个算例倒塌过程的损伤程度云图对比

（a）不考虑应力三轴度（算例V3）

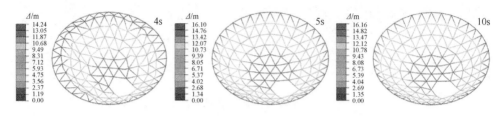

（b）考虑应力三轴度（算例W4）

图 5.56　两个算例倒塌过程的位移云图对比

5.7　本 章 小 结

本章对大跨度空间网格结构的抗连续倒塌分析方法进行研究，得出以下结论。

（1）提出适用于大跨度空间网格结构的重要构件选取方法：基于初选范围的多重响应分析法。该方法简单实用，能够快速全面地判别大跨度空间网格结构中构件的重要性，弥补了现有方法只考虑单一结构响应的不足，解决了目前抗连续倒塌分析中初始失效构件判别没有统一标准的缺陷，使备用荷载路径法得到了更广泛的应用。

（2）考虑初始状态的影响，对备用荷载路径法进行修正，提出考虑施工效应的备用荷载路径法，该方法更加接近实际，结果更为可靠。

（3）对于单层网壳结构，当 DCR<0.7 时，建议荷载动力放大系数取 1.7～1.9；当 DCR>0.9 时，建议取 1.4～1.6。

（4）采用位移一致原则，且连接面与微观响应区域保持适当距离，可得到结构计算的最优近似解。多尺度有限元模型在节约计算资源的基础上能够得到正确合理的计算结果，使用刚节点可进一步减少模型的单元数，且能够细致显示局部的应力分布，寻求结构失效的起始位置。

（5）起始损伤等效塑性应变对结构失效模式影响较大，在进行倒塌过程模拟时，需要考虑应力三轴度对起始损伤等效塑性应变参数的影响，以便更加真实地模拟倒塌过程。

参 考 文 献

[1]　TIAN L M, WEI J P, HAO J P, et al. Dynamic analysis method for the progressive collapse of long-span spatial grid structures[J]. Steel and Composite Structures, 2017, 23(4): 435-444.

[2]　蔡建国，王蜂岚，韩运龙，等. 大跨空间结构重要构件评估实用方法[J]. 湖南大学学报(自然科学版)，2011，38(3): 7-11.

[3] 陈骥. 钢结构稳定理论与设计[M]. 6 版. 北京: 科学出版社, 2014.

[4] 蔡建国, 王蜂岚, 冯健, 等. 大跨空间结构连续倒塌分析若干问题探讨[J]. 工程力学, 2012, 29(3): 143-149.

[5] 徐颖, 韩庆华, 练继建, 等. 单层球面网壳抗连续倒塌性能研究[J]. 工程力学, 2016, 33(11): 105-112.

[6] ZHAO X Z, YAN S, CHEN Y Y. Comparison of progressive collapse resistance of single-layer latticed domes under different loadings[J]. Journal of Constructional Steel Research, 2017, 129: 204-214.

[7] TIAN L M, HAO J P. Nonlinear time-varying analysis algorithms for modeling the behavior of complex rigid long-span steel structures during construction processes[J]. Steel and Composite Structures, 2015, 18(5): 1197-1214.

[8] 中华人民共和国住房和城乡建设部. 空间网格结构技术规程: JGJ7—2010[S]. 北京: 中国建筑工业出版社, 2010.

[9] General Services Administration. Alternate path analysis & design guidelines for progressive collapse resistance[S]. Washington D. C.: General Services Administration, 2013.

[10] Department of Defense. Design of buildings to resist progressive collapse: UFC 4-023-03[S]. Washington D. C.: Department of Defense, 2013.

[11] 沈世钊, 陈昕. 网壳结构稳定性[M]. 北京: 科学出版社, 1999.

[12] LIU C, FUNG T C, TAN K H. Dynamic performance of flush end-plate beam-column connections and design applications in progressive collapse[J]. Journal of Structural Engineering, 2016, 142(1): 1-14.

[13] LEE Y W, WIERZBICKI T. Quick fracture calibration for industrial use[R]. Cambridge: MIT Impact and Crashworthiness Lab, 2004.

第6章 大跨度空间网格结构抗连续倒塌评估方法

现阶段常用的抗连续倒塌评估方法大多是针对以框架为主的典型结构体系，且缺乏统一的评价标准，最终得到不同的指标和评价结果。大跨度空间网格结构的构件失效主要为节点破坏与杆件受压屈曲破坏，其倒塌过程也有别于框架结构形成足够数量塑性铰后转为机构的模式。因此，直接应用现有抗连续倒塌评估方法会带来较大误差，甚至产生错误结果。

增量动力分析（incremental dynamic analysis，IDA）法是一种用于评价结构抗震性能的分析方法，该方法不受结构形式限制，且考虑了多种随机因素，应用范围广泛。借鉴 IDA 法的思想，本章提出适用于大跨度空间网格结构的抗连续倒塌评估方法，即基于增量动力分析的抗连续倒塌评估法。随后，分别研究初始几何缺陷、材料应变率、材料损伤对评估结果的影响，最后将该方法应用于 5.4 节所述 3 个典型单层网壳结构中。

6.1 基于增量动力分析的抗连续倒塌评估法

1. 基本原理

IDA 法可以看作是传统静力推覆分析的改进，通过不断增大地震动强度指标（intensity measure，IM），得到与之对应的损伤指数（damage measure，DM），最终获得一条横轴为 DM，纵轴为 IM 的曲线。对结构进行多条地震波的 IDA 分析，绘制出多条 DM-IM 曲线，由此评估结构的抗地震倒塌能力。

结构在地震作用下的倒塌与局部构件失效后的倒塌虽然具体起因存在差异，但二者也有相似之处，即均是偶然事件导致结构发生动力倒塌，因此可以采用增量动力分析原理进行大跨度空间网格结构的抗连续倒塌评估。以不同杆件失效代替地震波作为引起结构振动的条件，同时考虑荷载状态的影响，通过不断增加荷载来改变振动的强度，直至结构发生连续倒塌破坏，从而得到结构抗连续倒塌的潜在能力及结构性能随荷载水平的变化，最终定量评估此类结构的抗连续倒塌性能。

基于上述增量动力分析原理，给出大跨度空间网格结构抗连续倒塌评估方法的主要分析步骤如下：

（1）选取一定数量的重要构件来确定 DM、IM。对于大跨度空间网格结构，DM 可为结构最大位移，直观揭示结构所处的状态。由于荷载状态反映结构的振动强度，且能形成与 pushdown 分析类似的荷载-位移曲线，故将结构荷载作为 IM。

（2）在某一重要构件失效情况下，采用"折中取半"的原则[1]，令 IM 从结构自重逐步增加均布活载到结构的极限荷载（微小荷载增量将导致 DM 显著增加），分别进行考虑施工效应的备用荷载路径法（非线性动力 AP 法）分析，得到与之对应的 DM，以此绘制出单条 DM-IM 曲线。需要特别说明的是，在结构的塑性发展过程中，尽量减小荷载增幅，捕捉 DM-IM 曲线的曲率明显变化段。此处仅计算单根构件失效的情况，一方面是由于构件失效是小概率事件；另一方面，移除单根构件的 AP 法分析能够反映结构形成其他传力路径的能力。

（3）变换失效构件，重复步骤（2），得到多条 DM-IM 曲线。

（4）处理 DM-IM 曲线，依据评价标准定量评估结构体系的抗连续倒塌性能。

本书将上述方法定义为"基于增量动力分析的抗连续倒塌评估法"，该方法是在考虑施工效应的备用荷载路径法（非线性动力 AP 法）基础上进行的一系列非线性动力时程分析过程。

2. 评价标准

为了更加直观了解结构的性能，需要使用统计汇总的方法处理离散的 DM-IM 曲线，得到 16%、50%、84%分位数曲线，来表征全部 IDA 曲线的平均水平和离散性，从而对结构体系的抗连续倒塌能力进行定性分析[2]，具体过程如下：

（1）通过一系列离散的数据点拟合 DM-IM 曲线，常采用样条曲线或多项式曲线进行拟合，但是无论采用何种拟合方法，所得结果应能与精确的 DM-IM 曲线相符合。

（2）汇总多条 DM-IM 曲线的方法分为参数法和非参数法。参数法是假定每条 DM-IM 曲线均服从指数分布，回归多条 DM-IM 曲线得到指数模型参数，从而得到一条 DM-IM 曲线。非参数法是在某一个 DM 水平下，得到不同 IM 的均值 μ 和对数标准差 δ，继而得到（DM，$\mu e^{-\delta}$）、（DM，μ）、（DM，$\mu e^{+\delta}$）三条曲线，分别为 16%、50%、84%分位数曲线，通过这三条曲线即可考察结果的平均水平和离散性。按 IM 进行分析，方法相同。

除此之外，尚需给出定量的评价指标。利用各 DM-IM 曲线倒塌点 IM 参数，可以绘制结构的倒塌易损性曲线，反映结构在遭受不同强度偶然事件后发生连续倒塌概率[3,4]，以此计算结构的抗连续倒塌安全储备指标（collapse margin ratio，CMR），具体过程如下。

（1）用频率估计结构在不同 IM 情况下的倒塌概率：

$$P[\text{C}|\text{IM} = im] = \frac{N_\text{C}}{N} \qquad (6.1)$$

式中，$P[\text{C}|\text{IM} = im]$ 表示在强度指标 IM=im 情况下结构发生连续倒塌的概率；N_C 为 N 个重要构件中致使结构发生连续倒塌的构件数目。

（2）易损性函数常采用对数正态分布模型，将获得的结构倒塌概率用式（6.2）进行拟合，得到结构的倒塌易损性曲线。

$$P[\text{C}|\text{IM} = im] = \Phi\left[\frac{\ln(im / m)}{\beta}\right] \qquad (6.2)$$

式中，m 和 β 分别为结构抗连续倒塌能力的中位值和对数标准差。

（3）利用结构的倒塌易损性曲线，将对应 50%倒塌概率的 $\text{IM}_{50\%}$ 作为结构抗连续倒塌能力指标，与验算结构抗连续倒塌性能的常用荷载组合 IM_o（1.2 倍恒载组合 0.5 倍活载）之比作为 CMR。

$$\text{CMR} = \text{IM}_{50\%} / \text{IM}_\text{o} \qquad (6.3)$$

根据大跨度空间网格结构的一般特点，其局部破坏后的连续倒塌是杆件屈服或屈曲以及节点破坏不断增加的过程，而该过程中结构整体刚度不断削弱。因此，规定结构整体刚度降低为原始刚度 K_e（DM-IM 曲线的初始斜率）的 20%时作为倒塌点。值得注意的是，对于杆件较少的大跨度空间网格结构，可能在极少数杆件连续退出工作后发生倒塌，没有刚度减小的过程，此类情况以实际倒塌点为准。

6.2   影响因素分析

6.2.1   初始几何缺陷

采用基于增量动力分析的抗连续倒塌评估法分别对 5.4 节所述 3 个典型单层网壳结构进行连续倒塌评估。图 6.1 为在各重要构件失效后原始模型的 DM-IM 曲线，恒载分项系数为 1.2 且保持不变，竖坐标选取活载分项系数 γ。采用一致缺陷模态法考虑结构初始几何缺陷，几何缺陷最大值取结构跨度的 1/300，得到的 DM-IM 曲线如图 6.2 所示。随后采用非参数法并按照 DM 进行统计分析，得到各自的 16%、50%、84%分位数曲线，如图 6.3 和图 6.4 所示。

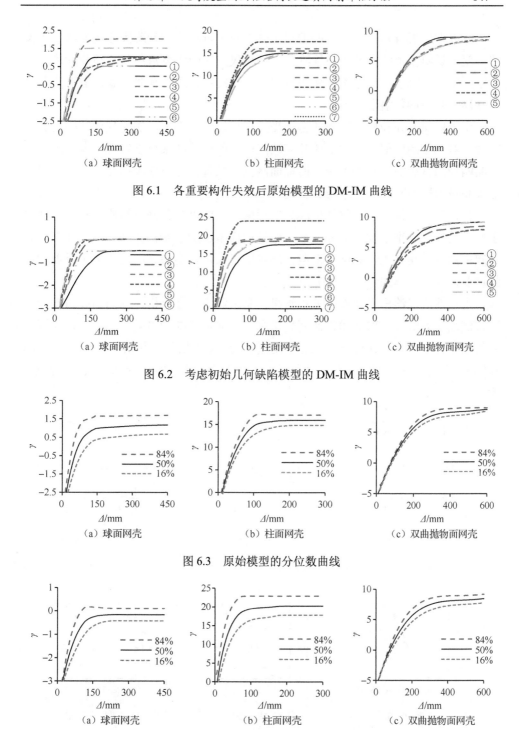

（a）球面网壳　　　　（b）柱面网壳　　　　（c）双曲抛物面网壳

图 6.1　各重要构件失效后原始模型的 DM-IM 曲线

（a）球面网壳　　　　（b）柱面网壳　　　　（c）双曲抛物面网壳

图 6.2　考虑初始几何缺陷模型的 DM-IM 曲线

（a）球面网壳　　　　（b）柱面网壳　　　　（c）双曲抛物面网壳

图 6.3　原始模型的分位数曲线

（a）球面网壳　　　　（b）柱面网壳　　　　（c）双曲抛物面网壳

图 6.4　考虑初始几何缺陷模型的分位数曲线

由以上分析可知，结构性能水平可分为两个阶段：初始阶段曲线曲率基本保持不变，说明整个结构处于弹性阶段，杆件仅发生弹性变形；随着荷载的增加，曲率开始明显减小，部分构件屈服或屈曲，最终达到极限荷载状态。取曲线斜率为 $0.2K_e$ 时的荷载为倒塌荷载。

由于球面网壳和柱面网壳的主要受力杆件以受压为主，初始几何缺陷的影响较大，对比原始模型与考虑初始几何缺陷模型的计算结果可以发现，考虑缺陷后球面网壳的承载能力有所下降，而柱面网壳的承载能力有较大提高，其中承载力的提高是由柱面网壳的形态畸变引起[5]。

分位数曲线揭示了计算结果的离散程度，以此可判断网壳结构各重要构件的重要性差异，识别结构的薄弱环节。对结构模型施加初始几何缺陷后，柱面网壳和双曲抛物面网壳的计算结果离散性均有所增大，说明考虑缺陷增大了重要构件的重要性差异，薄弱环节更加突出。

上述曲线仅给出了定性的分析结果，从承载力角度分析，柱面网壳结构的抗连续倒塌能力最好，双曲抛物面网壳次之，球面网壳结构最差。因此，以倒塌概率与荷载的关系定量评价结构抗连续倒塌能力，给出模型的易损性曲线，如图 6.5 和图 6.6 所示。进一步，得到抗连续倒塌安全储备指标 CMR 计算结果，如表 6.1 所示。

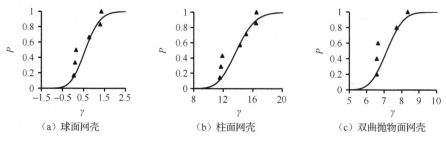

（a）球面网壳　　　（b）柱面网壳　　　（c）双曲抛物面网壳

图 6.5　原始模型的易损性曲线

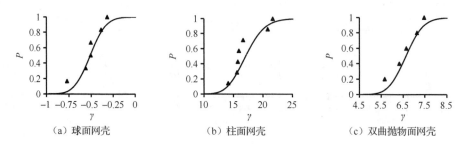

（a）球面网壳　　　（b）柱面网壳　　　（c）双曲抛物面网壳

图 6.6　考虑初始几何缺陷模型的易损性曲线

表 6.1　CMR 计算结果

模型类型	球面网壳	柱面网壳	双曲抛物面网壳
原始模型	1.01	3.55	2.27
考虑初始几何缺陷模型	0.80	4.81	2.17

由图 6.5 和图 6.6 可知,易损性曲线能够较好地描述结构抗连续倒塌能力,并针对不同荷载给出对应的倒塌概率。相对柱面网壳和双曲抛物面网壳而言,球面网壳的倒塌点较集中,说明其各重要构件之间的受力性能差异较小,结构整体受力均匀。

由表 6.1 可知,CMR 可以作为一个统一的评价指标,对不同网壳结构进行定量评价。对于原始模型,柱面网壳的 CMR 为 3.55,远大于球面网壳的 1.01。考虑初始几何缺陷后 3 个典型网壳结构模型的 CMR 均有不同程度的改变,其中柱面网壳增大 35.5%,其余网壳均有一定程度的减小。值得注意的是,考虑初始几何缺陷后球面网壳模型的 CMR 小于 1,结构的抗连续倒塌安全储备严重不足,在单根杆件失效后有较大概率发生倒塌。

经过上述分析可知,基于增量动力分析的抗连续倒塌评估法不受结构形式的限制,可以定量评估结构的抗连续倒塌性能。此外,结构的初始几何缺陷不容忽视,否则可能获得偏不安全的评估结果。

6.2.2　材料应变率效应

在连续倒塌数值模拟过程中,材料本构常采用理想或者线性强化弹塑性模型,但是钢材对应变率比较敏感,本小节重点介绍材料应变率对倒塌过程的影响,采用 Cowper-Symonds 模型考虑材料应变率效应:

$$\sigma_y / \sigma_o = 1 + \left(\frac{\dot{\bar{\varepsilon}}^{pl}}{C} \right)^{\frac{1}{P}} \tag{6.4}$$

式中,σ_y 和 σ_o 分别为实际屈服应力和静态屈服应力;$\dot{\bar{\varepsilon}}^{pl}$ 为等效塑性应变率;C、P 为应变率参数,钢材常取 40 和 5。由式(6.4)可获取应力放大效应 σ_y / σ_o 和等效塑性应变率 $\dot{\bar{\varepsilon}}^{pl}$ 的关系,如图 6.7 所示。

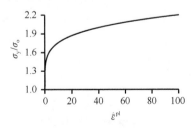

图 6.7　应力放大效应和等效塑性应变率的关系

　　经过分析发现，单层网壳结构常在弹性阶段工作，即使在极限荷载状态的起始阶段，塑性发展也相当有限，故考虑材料应变率效应后结构的 DM-IM 曲线及极限荷载并未发生较大改变，但倒塌过程的应力发展存在一定差异，因此将考虑材料应变率效应模型和原始模型的计算结果进行比较（同一极限荷载情况下）。图 6.8、图 6.9、图 6.10 分别为 3 个典型单层网壳结构在移除杆件①的情况下，达到极限荷载时的失效过程，结构最终完全垮塌，丧失承载力，其余杆件失效情况与此类似。

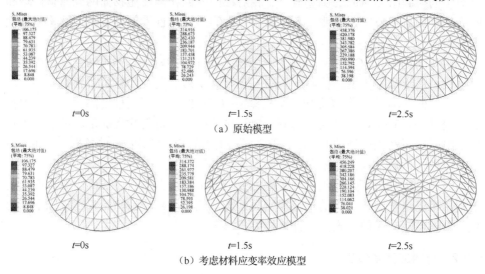

图 6.8　　球面网壳的失效过程（单位：MPa）

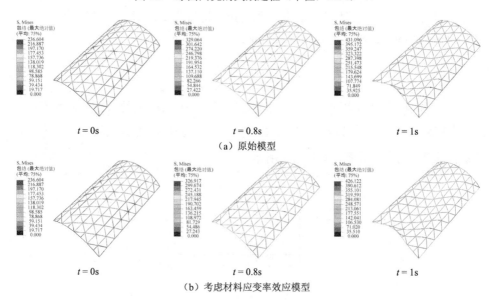

图 6.9　　柱面网壳的失效过程（单位：MPa）

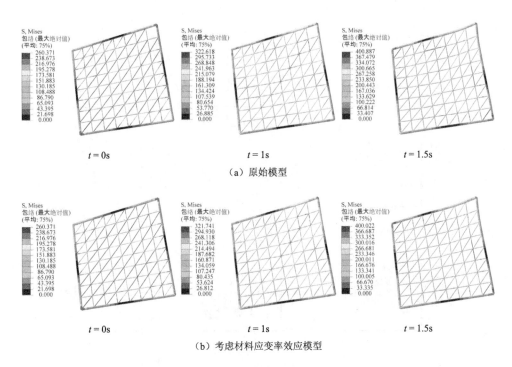

(a) 原始模型

(b) 考虑材料应变率效应模型

图 6.10　双曲抛物面网壳的失效过程（单位：MPa）

由图 6.8～图 6.10 可知，在倒塌过程中 3 种网壳结构最大应力均有所降低，其中柱面网壳下降最为明显，说明考虑材料应变率效应后，钢材强度有所提升，整体结构的抗力有一定的增加。但由杆件失效引起的连续倒塌过程不同于地震作用，动力效应有限，材料等效塑性应变率较小，因此材料应变率效应对倒塌过程并未产生较大影响。需要特别说明的是，双曲抛物面网壳的主要受力杆件以承受拉力为主，最终倒塌时并未产生较大竖向位移，但结构的大部分受力杆件均已受拉屈服，不再具有继续承载的能力。

为了进一步分析应力发展差异，给出部分关键杆件端部（靠近失效构件的端部）最大应力时程曲线，如图 6.11 所示，其中 N 表示原始模型，Y 表示考虑材料应变率模型。对比二者的应力时程曲线可以发现，考虑材料应变率效应并未改变整个结构各杆件的应力变化趋势，但是在考虑应变率效应之后，杆件应力发展产生了一定的滞后，如图 6.11（a）和（c）所示，且柱面网壳应力时程曲线的峰值点有所降低，如图 6.11（b）所示。上述现象再次说明，材料应变率效应不会对倒塌过程产生较大影响，但可以增加整体结构的抗力。为了得到较为精确的数值模拟结果，建议在进行数值模拟时考虑材料应变率效应。

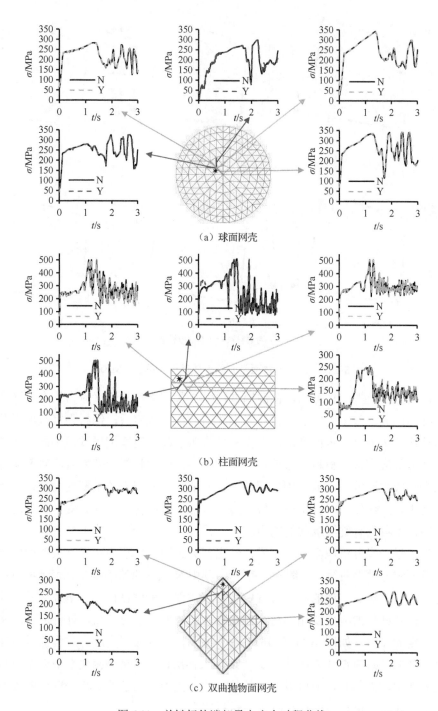

（a）球面网壳

（b）柱面网壳

（c）双曲抛物面网壳

图 6.11　关键杆件端部最大应力时程曲线

6.2.3　材料损伤

前述网壳失效过程与实际相差甚远，在大变形情况下杆件端部发生较大转动，应力集中导致杆件断裂。为了更加真实地模拟结构的连续倒塌过程，需要在材料属性中设置损伤参数，如图 6.12 所示，具体实施过程如下：

（1）设置不考虑材料损伤的本构模型，如图 6.12 中 *a-b-c-e* 所示。

（2）定义损伤起始准则，图 6.12 中 $\overline{\varepsilon}_{\mathrm{o}}^{\mathrm{pl}}$ 为材料开始进入损伤时的等效塑性应变。

（3）定义损伤演化准则，材料进入损伤状态时，刚度和强度均降低（图 6.12 中 *c-d* 所示损伤演化路径），最终达到材料失效时的等效塑性应变 $\overline{\varepsilon}_{\mathrm{f}}^{\mathrm{pl}}$。

（4）设置单元删除命令，在材料强度和刚度完全退化时移除失效单元。

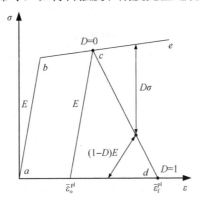

图 6.12　材料损伤本构模型

本小节不考虑材料损伤的本构模型，采用双线性强化模型，对于材料损伤参数 $\overline{\varepsilon}_{\mathrm{o}}^{\mathrm{pl}}$、$\overline{\varepsilon}_{\mathrm{f}}^{\mathrm{pl}}$ 的取值，国内外学者并未给出统一的选取依据，存在诸多争议，本小节就 3 组不同材料损伤参数 $\overline{\varepsilon}_{\mathrm{o}}^{\mathrm{pl}}$、$\overline{\varepsilon}_{\mathrm{f}}^{\mathrm{pl}}$ 进行对比，如表 6.2 所示，为今后材料损伤参数的取值提供参考。由于损伤演化路径有较强的网格依赖性，为此引入等效塑性位移 $\overline{u}^{\mathrm{pl}}$ 表示材料的宏观损伤，采用基于等效塑性位移的线性损伤演化路径，如式（6.5）和式（6.6）所示。

$$\overline{u}^{\mathrm{pl}} = L \times (\overline{\varepsilon}^{\mathrm{pl}} - \overline{\varepsilon}_{\mathrm{o}}^{\mathrm{pl}}) \tag{6.5}$$

$$D = L \times (\overline{\varepsilon}^{\mathrm{pl}} - \overline{\varepsilon}_{\mathrm{o}}^{\mathrm{pl}}) / \overline{u}_{\mathrm{f}}^{\mathrm{pl}} \tag{6.6}$$

式中，L 为单元的特征长度，对于梁单元，L 取梁单元沿轴线方向的长度；D 为表示材料刚度退化程度的损伤变量，当 $\overline{\varepsilon}^{\mathrm{pl}} = \overline{\varepsilon}_{\mathrm{o}}^{\mathrm{pl}}$ 时 $D=0$，材料开始进入损伤状态；$\overline{u}^{\mathrm{pl}}$ 为材料失效时的等效塑性应变 $\overline{\varepsilon}_{\mathrm{f}}^{\mathrm{pl}}$ 对应的等效塑性位移，当 $\overline{u}^{\mathrm{pl}} = \overline{u}_{\mathrm{f}}^{\mathrm{pl}}$ 时单元删除。

表 6.2　材料损伤参数对比

参数	第 1 组	第 2 组	第 3 组
$\overline{\varepsilon}_{o}^{pl}$	0.01	0.05	0.05
$\overline{\varepsilon}_{f}^{pl} - \overline{\varepsilon}_{o}^{pl}$	0.01	0.01	0.05

　　由分析可知，与考虑材料应变率的情况类似，考虑材料损伤后结构的 DM-IM 曲线基本没有改变，仅极限荷载情况下的倒塌模式发生较大改变，在大变形情况下多处杆件发生断裂，最终结构完全丧失承载力。同样以杆件①失效为例，分别给出 3 组不同材料损伤情况下的杆件断裂及倒塌过程，如图 6.13～图 6.15 所示。

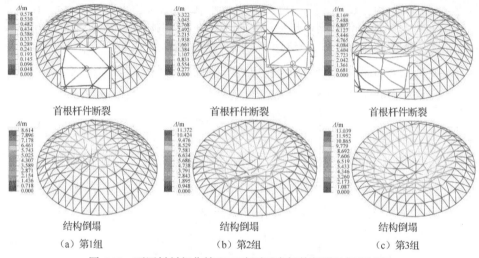

图 6.13　不同材料损伤情况下球面网壳杆件断裂及倒塌过程

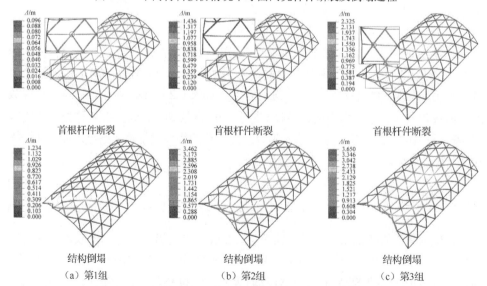

图 6.14　不同材料损伤情况下柱面网壳杆件断裂及倒塌过程

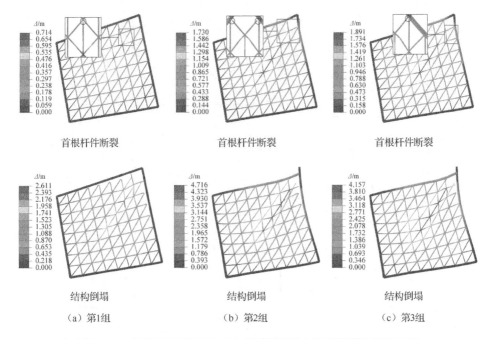

首根杆件断裂　　　　　　　首根杆件断裂　　　　　　　首根杆件断裂

结构倒塌　　　　　　　　　结构倒塌　　　　　　　　　结构倒塌

　（a）第1组　　　　　　　　（b）第2组　　　　　　　　（c）第3组

图 6.15　不同材料损伤情况下双曲抛物面网壳杆件断裂及倒塌过程

　　由此可知，设置不同损伤参数 $\bar{\varepsilon}_o^{pl}$、$\bar{\varepsilon}_f^{pl}$ 的模型，首根杆件断裂的位置存在较大差异，其中球面及双曲抛物面网壳在设置第 2 组损伤参数情况下，起始断裂的杆件不止 1 根，最终引发不同的倒塌模式，杆件断裂过程及最终断裂杆件分布差别较大，但最终断裂杆件多分布于失效杆件①周边。通过对比第 1 组与第 2 组计算结果发现，由于起始损伤等效塑性应变 $\bar{\varepsilon}_o^{pl}$ 的不同，结构的抗倒塌性能变化较大，当 $\bar{\varepsilon}_o^{pl}$ 取值较大时结构变形能力将大幅度提升，避免了没有预兆的脆性破坏。由第 3 组计算结果可知，材料失效等效塑性应变 $\bar{\varepsilon}_f^{pl}$ 同样影响着结构倒塌，增大 $\bar{\varepsilon}_f^{pl}$ 的取值也有助于提升结构的延性。

　　提取上述计算结果在部分节点的位移时程曲线，与原始模型计算结果进行对比，进一步分析材料损伤对倒塌模式的影响，如图 6.16 所示。其中，0 表示原始模型，1、2、3 分别表示设置第 1、2、3 组损伤参数模型。经过对比可知，考虑材料损伤对结构倒塌模式有较大影响，加速了整个倒塌过程，尤其是在设置较小起始损伤等效塑性应变 $\bar{\varepsilon}_o^{pl}$ 时，倒塌最为迅速。当 $\bar{\varepsilon}_o^{pl}=0.05$ 时，节点位移时程曲线与原始模型基本吻合，但对于柱面及双曲抛物面网壳，在倒塌后期有较大区别，这是因为原始模型未出现杆件断裂现象，节点位移不会无限发展。设置不同材料失效等效塑性应变 $\bar{\varepsilon}_f^{pl}$ 并未对计算结果产生较大影响，说明 $\bar{\varepsilon}_f^{pl}$ 对倒塌模式的影响相对于 $\bar{\varepsilon}_o^{pl}$ 要小得多，但增大材料的 $\bar{\varepsilon}_f^{pl}$ 对提升结构抗倒塌性能是有利的。此外，图 6.16 中位移时程曲线结果显示，无论是否出现杆件断裂，节点均未出现较大波动现象。

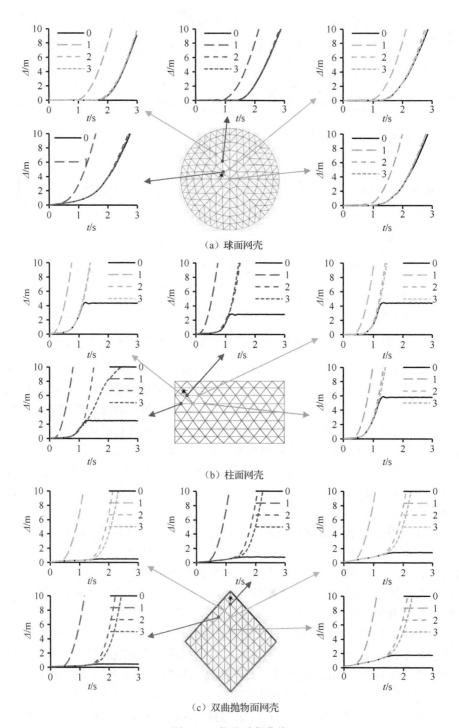

（a）球面网壳

（b）柱面网壳

（c）双曲抛物面网壳

图 6.16 　位移时程曲线

综上所述，考虑材料损伤后，结构在极限荷载情况下的倒塌模式发生较大改变，起始损伤等效塑性应变 $\bar{\varepsilon}_0^{pl}$ 对倒塌模式的影响远高于材料失效等效塑性应变 $\bar{\varepsilon}_f^{pl}$。

6.3　单层网壳结构抗连续倒塌评估

1. 评估结果

在考虑结构初始几何缺陷和材料应变率效应后，且施加第 2 组材料损伤参数，将基于增量动力分析的抗连续倒塌评估法应用于上述 3 个典型单层网壳结构，最终评估结果如图 6.17 所示。通过抗连续倒塌评估影响因素分析可知，材料应变率和材料损伤不会对 DM-IM 曲线产生较大影响，因此最终倒塌评估结果与仅考虑初始几何缺陷后的评估结果基本保持一致。由图 6.17 可知，柱面网壳和双曲抛物面网壳均具有较良好的抗连续倒塌能力，而球面网壳的抗倒塌能力安全储备严重不足，建议增大杆件截面规格，或局部采用双层结构形式。

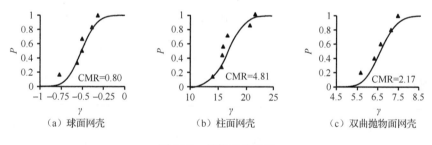

图 6.17　最终评估结果

2. 倒塌模式

由于考虑结构初始几何缺陷，极限荷载发生改变，相应倒塌模式也有一定变化。图 6.18 为杆件①失效情况下结构倒塌模式，左侧均为位移云图，右侧为应力云图（单位：MPa）。图 6.18 中球面网壳变化最为明显，杆件断裂位置向边缘转移，中部杆件仍然保持连续；对于柱面网壳，靠近失效构件的短边支座处杆件集中发生断裂，并向跨中发展；双曲抛物面网壳在边梁位置出现拉链式断裂，且边梁也发生断裂，建议加强双曲抛物面网壳边梁及相应的边缘杆件。

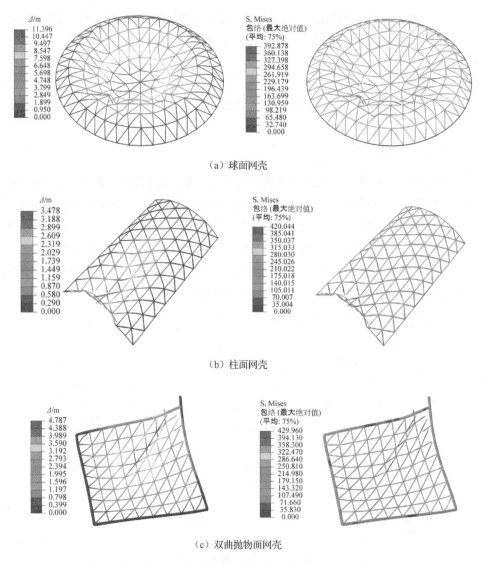

（a）球面网壳

（b）柱面网壳

（c）双曲抛物面网壳

图 6.18　杆件①失效情况下结构倒塌模式

6.4　本　章　小　结

本章对大跨度空间网格结构抗连续倒塌评估方法进行研究，并分析初始几何缺陷、材料应变率效应、材料损伤对评估结果的影响，最后将该方法应用于 3 个典型单层网壳结构中，得出以下结论。

（1）提出了适用于大跨度空间网格结构抗连续倒塌评估方法，即基于增量动力分析的抗连续倒塌评估法。该方法不受结构形式的限制，可以定量评估结构的抗连续倒塌性能。

（2）结构的初始几何缺陷不容忽视，否则可能获得偏不安全的评估结果。

（3）材料应变率效应不会对倒塌过程产生较大改变，但可以增加整体结构的抗力，为了得到较为精确的数值模拟结果，建议研究者在进行数值模拟的时候考虑材料应变率效应。

（4）考虑材料损伤后，结构在极限荷载情况下的倒塌模式发生了较大改变，起始损伤等效塑性应变 ε_0^{pl} 对倒塌模式的影响远高于材料失效等效塑性应变 ε_f^{pl}。

（5）考虑结构初始几何缺陷和材料应变率，且施加第 2 组材料损伤参数，将基于增量动力分析的抗连续倒塌评估法应用于 3 个典型单层网壳结构。评估结果表明，柱面网壳和双曲抛物面网壳均具有良好的抗连续倒塌能力，而球面网壳模型的 CMR 小于 1，结构的抗连续倒塌安全储备严重不足，在单根杆件失效后有较大风险发生倒塌。

参 考 文 献

[1] 吕大刚, 于晓辉, 王光远. 基于单地震动记录 IDA 方法的结构倒塌分析[J]. 地震工程与工程振动, 2009, 29(6): 33-39.

[2] 周颖, 吕西林, 卜一. 增量动力分析法在高层混合结构性能评估中的应用[J]. 同济大学学报(自然科学版), 2010, 38(2): 183-187, 193.

[3] 于晓辉, 吕大刚. 考虑结构不确定性的地震倒塌易损性分析[J]. 建筑结构学报, 2012, 33(10): 8-14.

[4] 施炜, 叶列平, 陆新征. 不同抗震设防 RC 框架结构抗倒塌能力的研究[J]. 工程力学, 2011, 28(3): 41-48, 68.

[5] 沈世钊, 陈昕. 网壳结构稳定性[M]. 北京: 科学出版社, 1999.

第7章 工 程 应 用

本章依次将基于初选范围的多重响应分析法、考虑施工效应的备用荷载路径法、基于增量动力分析的抗连续倒塌评估法应用于深圳世界大学生运动会体育中心主体育场钢屋盖结构中，对该结构的抗连续倒塌性能进行评价。

深圳世界大学生运动会体育中心位于深圳市区东北部，是第26届世界大学生夏季运动会的主场馆，由主体育场、主体育馆和游泳馆组成，"一场两馆"呈三角形分布，中间由水面相连，三座体育场馆颇似三块水晶巨石，与周围的山体、绿地配合，形成了独特的"山水石"结构[图 7.1（a）]。主体育场是运动会的主会场，体育场规划设计为一座多功能的体育场馆，可举办各种地方、国内及国际性的体育赛事或大型活动。主体育场内看台分为3层，总共可容纳6万名观众[图 7.1（b）]。

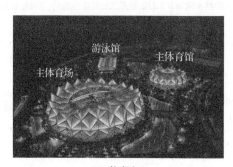 

（a）体育中心   （b）主体育场

图 7.1　深圳世界大学生运动会体育中心

深圳世界大学生运动会体育中心主体育场钢屋盖为单层折面空间网格结构体系，建筑平面尺寸为 274m×289m，钢屋盖最高点高度为 44.1m，由 20 个形状相似的结构单元通过空间作用联系在一起，并由 20 个铸钢球铰支座支承。结构主杆件构成了空间结构的主体，杆件断面形式为圆管，直径 700～1400mm 不等，材质为 Q390 和 Q420 钢材。次杆件为焊接箱形截面，截面高度为 450～600mm，材质为 Q345 钢材[1]，结构体系如图 7.2 所示。

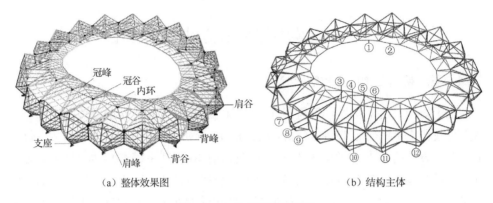

（a）整体效果图　　　　　　　　　（b）结构主体

图 7.2　主体育场结构体系

7.1　主体育场钢屋盖有限元模型

采用有限元软件 ABAQUS 的梁单元 B32 建模（忽略次杆件），并使用理想弹塑性本构模型，材料属性考虑应变率效应且施加损伤参数（$\overline{\varepsilon}_o^{pl} = 0.05$、$\overline{\varepsilon}_f^{pl} = 0.01$）。采用一致缺陷法施加结构初始几何缺陷，缺陷最大值取 $L/300$，L 为结构跨度。荷载组合采用 1.2 倍恒载+0.5 倍活载（施工过程仅考虑 1.2 倍恒载，结构施工完毕后施加 0.5 倍活载，形成考虑施工效应的初始状态）。由于主体育场钢屋盖结构在铰支座位置存在上下重叠部分，在倒塌过程中会发生接触和碰撞现象，为此设置通用接触算法解决这一问题[2]。此外，为了能够通过数据传递卸载重要构件，将所有重要构件单独建立部件，然后在杆件两端使用绑定将其与剩余结构组装成整体，有限元模型如图 7.3 所示。

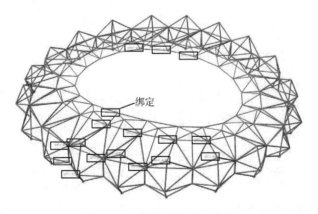

图 7.3　主体育场有限元模型

7.2　抗连续倒塌分析方法工程应用

7.2.1　基于初选范围的多重响应分析

由于结构具有对称性，仅需在 1/4 范围内找出重要构件。通过该结构在竖向节点荷载作用下的特征值屈曲分析，得出前 10 阶屈曲模态。由于篇幅有限，仅给出具有代表性的第 1、3 阶屈曲模态（可包络前 10 阶其余模态），如图 7.4 所示。以上述屈曲模态施加初始几何缺陷，考虑非线性的影响，图 7.5 给出结构的非线性屈曲状态。因此，可由图 7.4 的薄弱区域初选构件①～⑥为重要构件。构件编号如图 7.2 所示。由于图 7.5 中结构的非线性屈曲状态与初始几何缺陷表现一致，因此无须再补充重要构件。需要特别说明的是，尽管在第 3 阶屈曲模态中悬挑端的环杆是容易屈曲的位置，但因其仍以弯曲变形为主，在荷载作用下不断向下弯曲，变形模式和平衡模式始终未变，所以可以不断承受增加的荷载而不失稳。此外，选取应力比较大的构件⑦～⑫也作为初选重要构件。

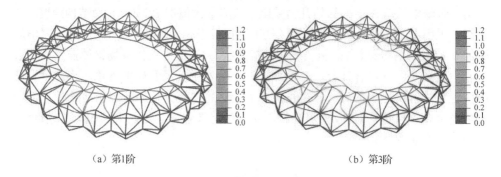

（a）第1阶　　　　　　　　　　　　　　　　（b）第3阶

图 7.4　结构屈曲模态

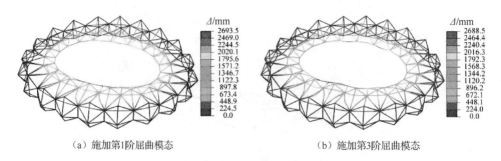

（a）施加第1阶屈曲模态　　　　　　　　　（b）施加第3阶屈曲模态

图 7.5　结构的非线性屈曲状态

　　分别对上述初选构件进行多重响应分析，探讨各构件的重要性系数，计算结果如图 7.6 所示。

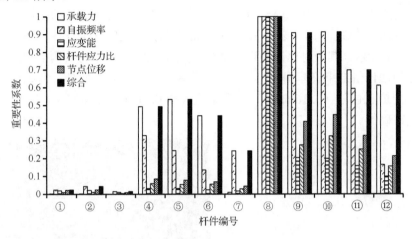

图 7.6　结构重要性系数计算结果

　　由以上分析可以得出：

　　（1）初选范围分析大大缩小了重要构件的分布范围，在保证精度的同时可以显著提高计算效率。

　　（2）单一结构响应会忽略某些重要构件（如仅考虑承载力，会忽略杆件⑨；如仅考虑节点位移，则会忽略杆件⑨、⑩、⑪）。采用基于初选范围的多重响应分析法能够全面评估构件的重要性。

　　（3）通过综合重要性系数的分析，杆件⑧~⑪的综合重要性系数较大，为该 1/4 结构的重要构件。对整体结构而言，短中轴线周边靠近支座处杆件及屋面长拉杆为此类折面空间网格结构的重要构件。

　　将本书的计算结果与实际工程的设计结果[3]进行对比分析，可知若本书方法仅考虑屈曲分析，所得部分重要压杆与设计状态下的重要构件（稳定性分析）完全吻合（④~⑥重要性系数远大于①~③）。此外，本书方法所得最终结果与文献[3]相同，即压杆失稳后，结构仍具有较强的承载力，不会发生连续倒塌（④~⑥重要性系数总体较小）。

7.2.2　考虑施工效应的备用荷载路径法分析

　　文献[1]对三种施工方案进行比选，最终给出一个经济安全的施工方案：以结构长轴为对称轴，顺时针对称施工，先安装内环至合拢区再将外环由外向内安装。卸载过程采用由外向内卸载 4 组临时支撑。为简化起见，未将临时支撑建入模型，且将施工方案简化为 15 步，主要施工步及实际工程如图 7.7 所示。采用节点约束生死单元法分析得到考虑施工效应的初始状态，如图 7.8 所示，由此可知，整个结构处于弹性阶段，最大位移出现在内部悬挑端，其余位置位移较小。为验证模型的正确性，图 7.9 为 A5、B5、A6 单元内部分主杆件应力的理论值与实测值对比[其中，ZGA(B)m-n 表示 A(B)区第 m 个单元下的第 n 个杆件，杆件编号如图 7.9（a）所示，其余对比结果详见文献[1]]。由分析可知，与实测值相比，有限元模拟的理论值结果整体偏大，但应力变化趋势基本吻合。此外，卸载后结构的实测竖向最大位移（-316.6mm）与理论值（-332.3mm）相差较小，说明有限元模型是精确的。

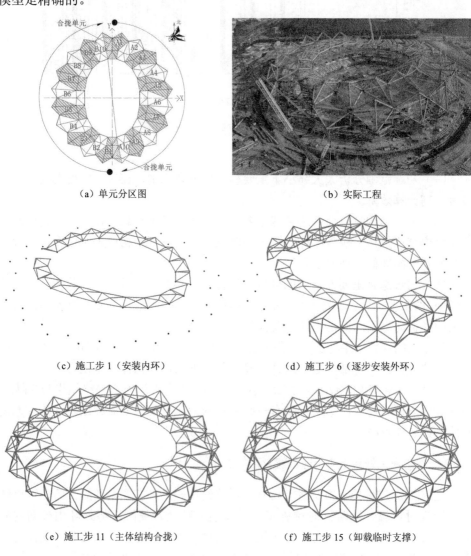

（a）单元分区图　　　　　　　　　　　　　（b）实际工程

（c）施工步 1（安装内环）　　　　　　　　　（d）施工步 6（逐步安装外环）

（e）施工步 11（主体结构合拢）　　　　　　　（f）施工步 15（卸载临时支撑）

图 7.7　主要施工步及实际工程

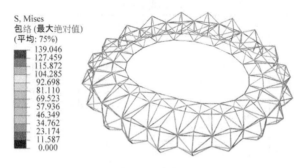

（a）应力云图（单位：MPa）

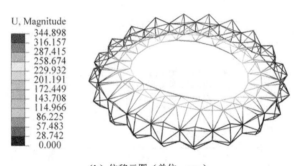

（b）位移云图（单位：mm）

图 7.8　考虑施工效应的初始状态

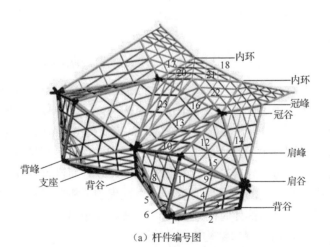

（a）杆件编号图

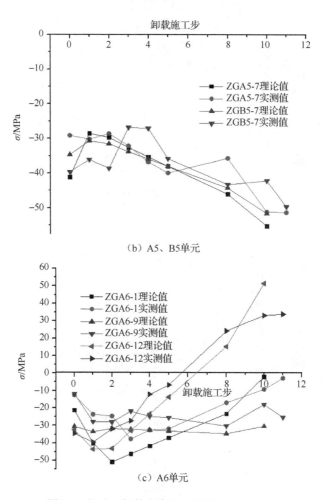

（b）A5、B5单元

（c）A6单元

图7.9　部分主杆件应力的理论值与实测值对比

将图 7.8 所示初始状态，通过有限元数据传递功能，导入 ABAQUS/Explicit 求解器进行计算。传递过程删除选取的重要构件，实现重要构件瞬时失效，即数据传递卸载法。以往的研究倾向于将失效时间定义为 $0.1T_1$（T_1 为剩余结构的基本周期），因此设置为 0.01s 基本能够满足上述要求，但是为了避免失效时间过长，影响后续连续倒塌动力分析过程，本书模型将失效时间设置为 0s。研究发现，由于倒塌前结构仍有一定的承载力，后续动力过程的分析时长由结构的自由落体时间控制，且稍大于自由落体时间。因此，本书对 3 个典型网壳结构的动力分析时长设为 3s，主体育场钢屋盖结构设置为 5s。

以杆件⑧失效为例，在 1.2 倍恒载+0.5 倍活载组合情况下，分别给出剩余结构应力最大时刻应力云图及位移最大时刻位移云图，如图 7.10 所示。由此可知，杆件⑧失效情况下整体结构基本处于弹性状态，仅失效构件周边杆件有塑性发展，最大位移发生在结构的长悬挑端部，其余位置位移基本与完整结构一致，说明在杆件⑧失效情况下，结构能够较好地抵抗不平衡荷载，抗连续倒塌性能良好。

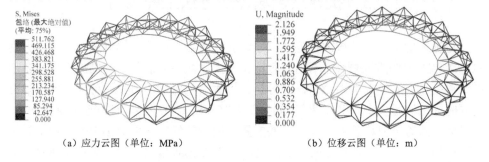

　　　（a）应力云图（单位：MPa）　　　　　　　　　（b）位移云图（单位：m）

图 7.10　杆件⑧失效剩余结构应力云图及位移云图

　　为了进一步分析上述连续倒塌动力过程，图 7.11 给出悬挑端挠度较大节点位移时程曲线及失效构件⑧周边杆件端部（靠近失效构件的端部）最大应力时程曲线。结果表明，结构的动力效应显著，应力及位移的振幅较大（应力振幅超过 200MPa，位移振幅超过 1m），表明结构的连续倒塌动力效应不容忽视。此外，失效位置仍可回弹恢复至最初平衡状态，说明结构基本保持在弹性状态下自由振动。

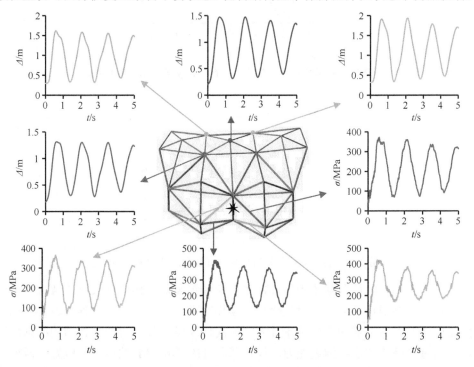

图 7.11　位移时程曲线和最大应力时程曲线

7.3　抗连续倒塌评估方法工程应用

　　将基于增量动力分析的抗连续倒塌评估法应用于主体育场钢屋盖结构，分别对 7.2 节选取的重要杆件⑧～⑪进行逐步增大（减小）活载的考虑施工效应备用荷载路径法（非线性动力 AP 法）分析。增大活载可通过改变幅值曲线实现，方便同时等比例增大多个节点荷载。此处仅选取 4 根重要杆件进行抗连续倒塌评估，这是因为随着重要杆件的减少，一些重要性相对较低的杆件会被忽略，评估结果会更加趋于保守，得到安全的评估结果。图 7.12 为各重要杆件失效后主体育场钢屋盖的 DM-IM 曲线，然后按照 DM 进行统计分析，得到 16%、50%、84%分位数曲线，如图 7.13 所示。

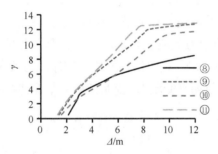

图 7.12　各重要杆件失效后主体育场钢屋盖的 DM-IM 曲线

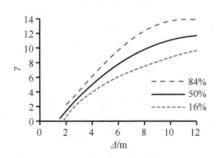

图 7.13　各重要杆件失效后主体育场钢屋盖的分位数曲线

　　由此可知，随着荷载不断增加，主体育场钢屋盖结构的最大位移增加速度逐渐加快，最终结构不堪重负发生倒塌，倒塌时剩余结构的最大位移均较大，约为跨度的 1/30，且荷载组合远大于 1.2 倍恒载+0.5 倍活载，说明整体结构的延性较好，具有良好的抗连续倒塌能力。杆件⑨和⑪的 DM-IM 曲线吻合较好，两根杆件移除后对整体结构产生的影响基本类似，但是由于杆件⑧的存在，分位数曲线在变形较大时，离散性显著增大。需要特别注意的是，杆件⑧失效后，对结构的抗倒塌能力削弱最多，杆件重要性不言而喻，结构在实际使用过程中，尽量避免此杆件受到威胁甚至破坏。

计算各杆件倒塌时的荷载（DM-IM 曲线斜率降低至曲线初始斜率 20%时对应荷载），以此计算倒塌概率，拟合获取结构易损性曲线及定量评价指标 CMR，如图 7.14 所示。

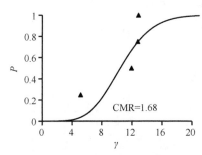

图 7.14　主体育场钢屋盖易损性曲线

虽然深圳世界大学生运动会体育中心主体育场钢屋盖结构的悬挑长度较大（在不同区域为 51.9~68.4m），但是其抗连续倒塌安全储备指标 CMR 为 1.68，具有较好的抗连续倒塌能力。此外，图 7.14 不仅给出一个定量评价指标，还对一个结构的潜在抗倒塌能力进行了估计，并以概率的形式表达出来。

在各杆件分别失效时，结构达到极限荷载状态的倒塌模式，如图 7.15 所示，左侧均为位移云图（单位：m），右侧为应力云图（单位：MPa）。

由极限荷载状态下的倒塌模式可知，结构达到极限荷载时，临近失效构件的结构单元变形较大，断裂杆件多集中在失效构件周边，此部分结构已经不适宜继续承载，但其余结构单元受杆件失效的影响相对较小，说明此类结构单元的划分能够有效抑制连续倒塌的发生。此外，3 道环梁（肩谷、冠谷、内环）的设置把结构连为一体，共同作用效果显著。

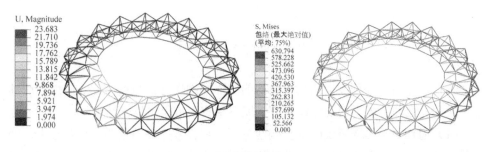

（a）杆件⑧失效

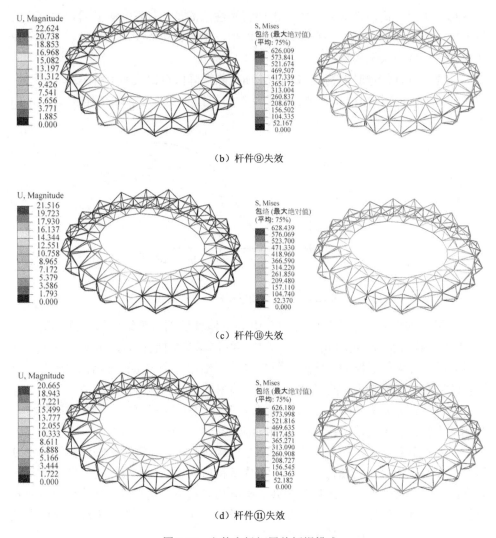

（b）杆件⑨失效

（c）杆件⑩失效

（d）杆件⑪失效

图7.15　主体育场钢屋盖倒塌模式

7.4　本章小结

本章将适用于大跨度空间网格结构的抗连续倒塌分析与评估方法应用于深圳世界大学生运动会体育中心主体育馆钢屋盖结构中，得出以下结论：

（1）通过基于初选范围的多重响应分析，杆件⑧～⑪的重要性系数较大，为世界大学生运动会主体育场钢屋盖结构的重要构件。对整体结构而言，短中轴线周边靠近支座处杆件及屋面长拉杆为此类折面空间网格结构的重要构件。

（2）考虑施工效应的备用荷载路径法能够较好模拟主体育场钢屋盖结构由杆件失效引发的动力过程。

（3）将基于增量动力分析的抗连续倒塌评估法应用于深圳世界大学生运动会体育中心主体育场钢屋盖结构，虽然结构悬挑长度较大（在不同区域为 51.9～68.4m），但是其抗连续倒塌安全储备指标 CMR 为 1.68，具有较好的抗连续倒塌性能。

参 考 文 献

[1] 田黎敏, 郝际平, 陈韬, 等. 世界大学生运动会主体育场施工过程模拟分析[J]. 建筑结构学报, 2011, 32(5): 70-77.

[2] 孔祥雄, 史铁花, 程绍革. 基于材料损伤和失效准则的钢结构在强震下倒塌模拟分析方法[J]. 土木工程学报, 2014, 47(9): 38-44.

[3] 张建军, 刘琼祥, 刘臣, 等. 深圳大运中心体育场钢屋盖整体稳定性能研究[J]. 建筑结构学报, 2011, 32(5): 56-62.